새

나들이도감

세밀화로 그린 보리 산들바다 도감

새 나들이도감

그림 천지현, 이우만

글 김현태

기획 토박이

편집 김종현, 정진이

기획실 김소영, 김용란

디자인 이안디자인

제작 심준엽

영업마케팅 김현정, 심규완, 양병희

영업관리 안명선

새사업부 조서연

경영지원실 노명아, 신종호, 차수민

분해와 출력인쇄 (주)로얄프로세스

제본 (주)상지사 P&B

1판 1쇄 펴낸 날 2017년 3월 20일 | **1판 8쇄 펴낸 날** 2024년 6월 18일

펴낸이 유문숙

펴낸 곳 (주) 도서출판 보리

출판등록 1991년 8월 6일 제 9–279호

주소 (10881) 경기도 파주시 직지길 492

전화 (031)955–3535 / **전송** (031)950–9501

누리집 www.boribook.com **전자우편** bori@boribook.com

보리는 나무 한 그루를 베어 낼 가치가 있는지 생각하며 책을 만듭니다.

ISBN 978-89-8428-955-0 06470 978-89-8428-890-4 (세트)

이 도서의 국립중앙도서관 출판예정도서목록(CIP)은 서지정보유통지원시스템 홈페이지
(http://seoji.nl.go.kr)와 국가자료공동목록시스템(http://www.nl.go.kr/kolisnet)에서
이용하실 수 있습니다. (CIP 제어번호 : CIP2017005265)

세밀화로 그린 보리 산들바다 도감

우리나라에 사는 새 124종

새
나들이도감

그림 천지현, 이우만 | 글 김현태 | 기획 토박이

🌿 보리

일러두기

1. 아이부터 어른까지 함께 볼 수 있도록 쉽게 썼다.

2. 우리나라에 사는 새 560여 종 가운데 참새나 까치처럼 흔히 볼 수 있는 종을 먼저 뽑고, 따오기나 뜸부기처럼 거의 볼 수 없더라도 우리에게 친숙한 종을 더해 124종을 실었다. 또 황새, 올빼미처럼 천연기념물이나 멸종위기종이어서 더욱 관심을 갖고 지켜야 할 종도 넣었다.

3. 분류와 싣는 순서, 학명은 Gill, F&D Donsker(Eds), 2014. IOC World Bird List를 따랐다. 한국명은 한국 조류 목록(2009, 한국조류학회)을 참고했다.

4. 맞춤법과 띄어쓰기는 《표준국어대사전》을 따랐고 멸종위기종, 머리꼭대기, 아래꼬리덮깃처럼 새 전문 용어는 예외로 했다.

5. 새는 분류 차례로 실어서 같은 무리에 드는 새를 쉽게 찾아볼 수 있도록 했다. '새 더 알아보기'에서는 진화, 몸 구조와 역할, 새 한살이, 텃새와 철새, 산새와 물새, 탐조 같은 내용을 실어 새를 더 깊이 알 수 있도록 했다.

6. 과명에 사이시옷은 적용하지 않았다.

7. '몸길이'는 새가 날개를 접고 몸을 쭉 뻗었을 때 나오는 가장 긴 길이다. 참새처럼 다리가 짧은 새는 부리 끝부터 꼬리 끝까지 길이를 재고, 두루미처럼 다리가 긴 새는 부리 끝부터 발끝까지 길이를 잰다.

── 몸길이 ──

── 날개를 편 길이 ──

9. 본문 보기

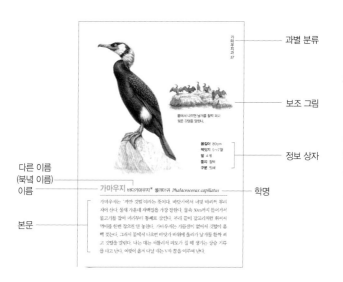

과별 분류

가마우지과
57

보조 그림

물에서 나오면 날개를 활짝 펴고 젖은 깃털을 말린다.

정보 상자

몸길이 80cm
박잇기 5~7월
알 4개
둥지 절벽
구분 텃새

다른 이름
(북녘 이름)
이름

본문

가마우지 바다가마우지* 물까마귀 *Phalacrocorax capillatus*

학명

가마우지는 '검은 깃털 머리'는 뜻이다. 바닷가에서 널찍 바위 무리 지어 산다. 물새 가운데 사백질을 가장 잘한다. 물속 30m까지 들어가서 물고기를 잡아 바닥부터 통째로 삼킨다. 부리 끝이 갈고리처럼 휘어서 먹이를 한번 잡으면 안 놓친다. 가마우지는 기름샘이 없어서 깃털이 흠뻑 젖는다. 그래서 물에서 나오면 비닷가 비위에 올라가 날 개를 활짝 펴고 깃털을 말린다. 나는 데는 서툴러서 파도가 칠 때 생기는 상승 기류를 타고 난다. 여럿이 올지 다닐 때는 V자 꼴을 이루며 난다.

새
나들이도감

새 더 알아보기

새와 진화 154

몸 구조와 역할

그림으로 찾아보기

그림으로 찾아보기

오리과

개리 28　　　큰기러기 29　　　쇠기러기 30

혹고니 31　　　큰고니 32

혹부리오리 33　　　원앙 34　　　청둥오리 35

흰뺨검둥오리 36

고방오리 37

가창오리 38

흰죽지 39

흰뺨오리 40

비오리 41

꿩과

아비과

꿩 42

아비 43

논병아리과

논병아리 44

뿔논병아리 45

황새과

황새 46

저어새과

따오기 47

노랑부리저어새 48

저어새 49

백로과

덤불해오라기 50

해오라기 51

황로 52

왜가리 53

중대백로 54

쇠백로 55

노랑부리백로 56

가마우지과

가마우지 57

물수리과

물수리 58

수리과

독수리 59

참매 60

솔개 61

말똥가리 62

뜸부기과

뜸부기 63

물닭 64

두루미과

재두루미 65   두루미 66   흑두루미 67

검은머리물떼새과

장다리물떼새과

검은머리물떼새 68   장다리물떼새 69

물떼새과

댕기물떼새 70   개꿩 71   꼬마물떼새 72   흰물떼새 73

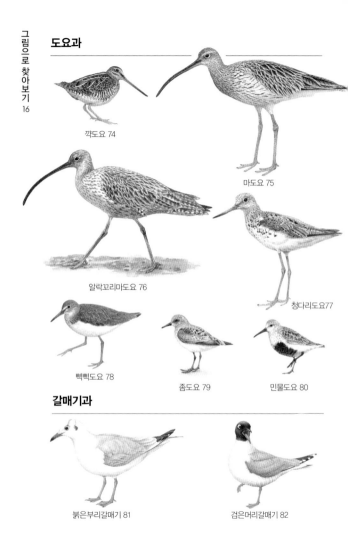

도요과

깍도요 74

마도요 75

알락꼬리마도요 76

청다리도요77

삑삑도요 78

좀도요 79

민물도요 80

갈매기과

붉은부리갈매기 81

검은머리갈매기 82

갱이갈매기 83

재갈매기 84

제비갈매기 85

비둘기과

멧비둘기 86

두견이과

벙어리뻐꾸기 87

뻐꾸기 88

올빼미과

소쩍새 89

수리부엉이 90

올빼미 91

솔부엉이 92

쇠부엉이 93

쏙독새과

쏙독새 94

파랑새과

파랑새 95

물총새과

호반새 96

청호반새 97

물총새 98

후투티과

딱따구리과

후투티 99

쇠딱따구리 100

오색딱따구리 101

크낙새 102

청딱따구리 103

매과

황조롱이 104

매 105

꾀꼬리과

꾀꼬리 106

까마귀과

어치 107

까치 108

까마귀 109

여새과

홍여새 110

박새과

진박새 111   곤줄박이 112   쇠박새 113   박새 114

종다리과

종다리 115

뿔종다리 116

직박구리과

직박구리 117

제비과

제비 118

귀제비 119

휘파람새과

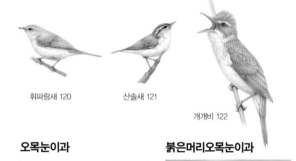

휘파람새 120

산솔새 121

개개비 122

오목눈이과

붉은머리오목눈이과

오목눈이 123

붉은머리오목눈이 124

동박새과

동박새 125

상모솔새과

상모솔새 126

굴뚝새과

굴뚝새 127

동고비과

동고비 128

찌르레기과

지빠귀과

찌르레기 129

호랑지빠귀 130

흰배지빠귀 131

노랑지빠귀 132

개똥지빠귀 133

솔딱새과

큰유리새 134

울새 135

유리딱새 136

흰눈썹황금새 137

딱새 138

바다직박구리 139

물까마귀과

물까마귀 140

참새과

참새 141

할미새과

노랑할미새 142

알락할미새 143

되새과

되새 144

콩새 145

멋쟁이 146

양진이 147

방울새 148

솔잣새 149

멧새과

멧새 150

노랑턱멧새 151

우리나라에 사는 새

몸길이 90cm
짝짓기 5~6월, 몽골, 러시아
알 5개
둥지 땅 위
구분 겨울 철새
천연기념물 | 멸종위기 2급

개리 물개리[북] *Anser cygnoides*

개리는 집에서 키우는 거위 조상이다. 거위와 달리 이마에 혹이 없고 매끈하다. 바닷가 갯벌이나 호수, 늪, 갈대밭 같은 물가에 산다. 아침저녁으로 무리 지어 다니면서 먹이를 찾는다. 부리로 논바닥이나 갯벌 바닥을 헤집으며 쉴 새 없이 돌아다닌다. 갯벌 바닥을 깊게 파고 머리를 집어넣어 먹이를 찾기도 한다. 큰기러기나 쇠기러기 무리와 섞일 때도 있는데, 멱 색이 아주 밝아서 눈에 잘 띈다. 가을에 날아와 한강, 임진강, 금강 어귀나 안산 시화호에서 지낸다.

몸길이 90cm
짝짓기 4~6월, 러시아
알 4~7개
둥지 풀밭
구분 겨울 철새
멸종위기 2급

큰기러기 *Anser fabalis*

우리나라를 찾는 기러기 가운데 몸집이 크다고 '큰기러기'다. 부리는 까맣고 가운데가 노랗다. 아침저녁으로 무리 지어 논으로 날아가 낟알을 먹고 밤에 물가로 돌아와 잔다. 쉴 때는 한쪽 다리를 들고 서 있거나 배를 땅에 붙인 채 머리를 뒤로 돌려 등깃에 파묻는다. 위험할 때는 큰 소리를 내서 잠든 무리를 깨우고 다 함께 날아올라 도망친다. 무리 지어 날아갈 때는 수십 수백 마리가 모여 V자 꼴을 이룬다. 9월 중순부터 우리나라 천수만, 낙동강, 금강, 주남 저수지, 우포늪에 찾아온다.

흰이마기러기 *Anser erythropus*
쇠기러기보다 이마에 있는 흰색 띠가
훨씬 넓고 몸집은 작다.

몸길이 75cm
짝짓기 5~7월, 러시아
알 1~7개
둥지 풀밭 위
구분 겨울 철새

쇠기러기 *Anser albifrons*

기러기 가운데 몸집이 작다고 '쇠기러기'다. 큰기러기와 달리 이마가 하
얗다. 논이나 호수, 연못에서 수십에서 수천 마리가 모여 다닌다. 낮에
는 쉬고 아침저녁에 논으로 날아가 먹이를 찾는다. 날 때는 바닥에서 곧
바로 날아오른다. 무리 지어 V자 꼴로 나는데 경험 많고 힘센 기러기가
맨 앞에 앞장선다. 10월 초쯤 우리나라 금강이나 주남 저수지, 서산 천
수만처럼 탁 트인 물가에 찾아와 겨울을 난다. 이듬해 2~3월에 북쪽 나
라로 떠난다.

몸길이 152cm
짝짓기 3~5월, 러시아
알 5~7개
둥지 땅 위
구분 겨울 철새
천연기념물 | 멸종위기 1급

혹고니 *Cygnus olor*

이마와 콧등 사이에 까만 혹이 있어서 '혹고니'다. 고니와 큰고니는 혹
이 없다. 호수에서 서른 마리쯤 무리 지어 산다. 큰고니나 고니는 시끄럽
게 우는데 혹고니는 조용한 편이다. 하지만 짝짓기 때에는 큰 소리를 내
면서 다른 새들을 쫓아내기도 한다. 호수에 자라는 물풀을 즐겨 먹는
다. 물속 깊숙이 머리를 넣고 궁둥이가 물 밖으로 쑥 나온 채 물풀을 뜯
어 먹거나 물벌레, 조개를 잡아먹는다. 날 때는 물낯을 재빨리 달려 나
가며 날갯짓한다. 겨울에 화진포와 천수만에서 드물게 본다.

고니 *Cygnus columbianus*
큰고니보다 몸집이 작고 부리 안쪽에
노란 부분이 적다. 겨울 철새다.

몸길이 140cm
짝짓기 5~6월, 유럽, 몽골, 러시아
알 3~7개
둥지 굴속, 땅 위
구분 겨울 철새
천연기념물 | 멸종위기 2급

큰고니 *Cygnus cygnus*

고니보다 크다고 '큰고니'다. 혹고니보다 몸집은 조금 작지만 수는 더
많다. 호수나 강에 사는데 잘잘 때는 큰 무리를 짓고 먹이를 찾을 때는
가족끼리 다닌다. 잘 때는 한 다리로 선 채 머리를 뒤로 돌려 등깃에 파
묻고 잔다. 헤엄칠 때는 목을 S자로 휘는 혹고니와 달리 꼿꼿이 세운다.
그러다가 물구나무서듯이 긴 목을 물속에 넣고 물풀이나 작은 물고기,
물벌레 따위를 먹는다. 물낯을 빠르게 달음박질치면서 난다. 겨울에 찾
아와 천수만, 순천만, 낙동강, 섬진강 어귀에서 지낸다.

몸길이 60cm
짝짓기 3~5월, 북유럽, 몽골, 러시아
알 8~16개
둥지 동굴, 나무 구멍
구분 겨울 철새

혹부리오리 꽃진경이[북] *Tadorna tadorna*

혹부리오리는 짝짓기 할 때 수컷 위쪽 부리에 있던 혹이 커진다. 강어귀 갯벌이나 바다에서 30~100마리쯤 무리 지어 산다. 낮에 갯벌에 밀물이 들어올 때 물에 둥둥 떠서 머리를 물속에 넣고 먹이를 찾는다. 개흙을 부리로 들쑤시면서 조개, 물고기, 달팽이, 게, 새우 따위를 잡아먹는다. 해가 지면 멀리 논밭으로 날아가 머리를 등깃에 파묻고 잔다. 가을에 우리나라 무안, 진도, 천수만, 낙동강 어귀로 날아와 겨울을 난다. 이듬해 2~3월에 다시 북쪽 나라로 떠난다.

몸길이 45cm
짝짓기 4~5월
알 7~12개
둥지 나무 구멍
구분 텃새
천연기념물

원앙 *Aix galericulata*

옛날부터 혼인할 때 원앙을 수놓은 베개와 이불을 마련할 만큼 원앙은 금실 좋은 부부를 뜻한다. 하지만 실제로는 암컷이 알을 낳으면 수컷 원 앙은 다른 암컷을 찾아 떠난다. 산속 골짜기나 연못에 무리 지어 산다. 낮에는 바위틈이나 나뭇가지 위에서 머리를 등깃에 파묻고 한쪽 다리 를 든 채 잠을 잔다. 수컷은 짝짓기 때 깃털 빛깔이 알록달록하게 바뀐 다. 짝짓기 철이 지나면 암수 빛깔이 비슷한데 수컷만 부리가 빨갛다. 오리 가운데 원앙만 나무 구멍을 둥지로 쓴다.

암컷

몸길이 58cm
짝짓기 4~7월, 러시아, 유럽
알 10개
둥지 물가 풀숲
구분 겨울 철새

청둥오리 청딩오리[북] *Anas platyrhynchos*

청둥오리는 겨울에 우리나라 민물 둘레 어디서나 볼 수 있다. '청둥'은 짝짓기 무렵 녹색으로 바뀐 수컷 머리를 뜻한다. 낮에는 물 위나 물가에서 쉬고 해거름에 가까운 논으로 날아가 낟알이나 풀씨를 주워 먹는다. 얕은 물에서 풀포기를 헤집거나 물속으로 물구나무서서 작은 물고기를 잡아먹는다. 물에 떠 있다가도 곧바로 날아오른다. 여럿이 한 몸처럼 날거나 V자 꼴로 나는데 '쐐쐐쐐'하고 날개 치는 소리가 난다. 가을에 우리나라로 찾아왔다가 이듬해 2~3월에 북쪽으로 돌아간다.

몸길이 60cm
짝짓기 4~7월
알 10개
둥지 물가 풀숲
구분 텃새

흰뺨검둥오리 검둥오리^북 *Anas poecilorhyncha*

몸 빛깔보다 얼굴빛이 훨씬 밝아서 '흰뺨검둥오리'라는 이름이 붙었다. 호수나 강 둘레에서 산다. 얕은 물속에 부리를 넣고 휘저어 물고기나 개 구리를 잡아먹고, 논에 날아가 낟알이나 풀씨도 먹는다. 봄여름에는 암 수가 함께 지내다가 짝짓기가 끝나면 큰 무리를 이룬다. 어미가 앞장서 고 새끼들이 나란히 줄을 서서 따라다니는 모습을 때때로 볼 수 있다. 평소에는 잘 안 날고 위험을 느끼면 날아오른다. 우리나라에서 가장오 리와 청둥오리 다음으로 많이 볼 수 있는 새다.

고방오리는 물속에 머리를
넣고 먹이를 잡는다.

몸길이 75cm
짝짓기 5~7월, 러시아, 유럽, 미국 북부
알 9개
둥지 풀밭
구분 겨울 철새

고방오리 가창오리^북 *Anas acuta*

짝짓기 무렵 수컷 뒤통수에서 목까지 하얀 줄무늬가 생기는데 꼭 길게 땋아 늘어뜨린 '고방 머리'를 한 것 같다고 '고방오리'다. 저수지나 물이 고인 논에 산다. 청둥오리, 흰뺨검둥오리, 쇠오리와 섞여 지낸다. 낮에는 물 위나 모래밭에서 쉬거나 자고 저녁에 먹이를 찾아다닌다. 머리를 물속에 넣고 물구나무선 채로 물고기를 잡아먹거나 물풀을 뜯어 먹는다. 러시아에서 새끼를 친 뒤 가을에 우리나라를 찾아와 겨울을 난다. 이듬해 봄에 다시 러시아로 떠난다.

몸길이 40cm
짝짓기 4~7월, 러시아, 중국
알 8개
둥지 물가 풀밭
구분 겨울 철새

가창오리 수만 마리가 무리 지어 나는 모습

가창오리 태극오리^북, 반달오리^북 *Anas formosa*

가창오리는 짝짓기 때 수컷 얼굴에 노란색과 녹색 깃이 태극 무늬처럼
돋아난다. 강이나 호수에서 무리 지어 산다. 해뜰참이나 해거름에 수만
마리가 한꺼번에 날아오른다. 처음에는 수만 마리씩 큰 덩어리를 지어
파도치듯 날아올랐다가 여러 갈래로 흩어져서 땅에 내려앉는다. 여럿이
나란히 서서 한 방향으로 나아가면서 논바닥을 뒤지며 먹이를 찾는다.
가을에 수십만 마리가 아산만, 천수만, 금강 어귀, 주남 저수지, 영암호
에 와서 겨울을 난다.

댕기흰죽지 *Aythya fuligula*
머리에 까만 댕기깃이 있고 눈은 노랗다.
겨울 철새다.

몸길이 46cm
짝짓기 4~6월, 유럽, 러시아
알 6~11개
둥지 물 위, 물가 풀숲
구분 겨울 철새

흰죽지 흰죽지오리 ᴮ *Aythya ferina*

멀리서 보면 죽지가 하얗다고 '흰죽지'다. '죽지'는 날개가 몸에 붙은
곳을 말한다. 갈대나 줄풀이 우거진 호수나 저수지에서 산다. 댕기흰죽
지나 검은머리흰죽지 무리와 섞여 다닌다. 헤엄을 잘 치고 자맥질도 깊
게 한다. 물 위에서 쉴 때는 몸을 옆으로 굴리듯 물에 담그면서 깃을 다
듬는다. 날 때는 물 위를 달음박질치면서 날아오른다. 나는 모습을 보면
하얀 배와 까만 가슴, 빨간 밤색 머리가 뚜렷하게 나뉘어 보인다. 러시아
에서 새끼를 친 뒤 가을에 우리나라를 찾아와 겨울을 난다.

암컷

몸길이 45cm
짝짓기 4~6월, 러시아
알 6~15개
둥지 나무 구멍
구분 겨울 철새

흰뺨오리 *Bucephala clangula*

수컷 뺨에 하얀 무늬가 있어서 '흰뺨오리'다. 암수 모두 눈이 황금처럼
밝은 노란색을 띤다. 바다나 강에서 작은 무리를 짓고 산다. 철 따라 옮
겨다닐 때는 수백 마리씩 모인다. 헤엄도 잘 치고 자맥질도 잘한다. 물
위에서 헤엄치거나 깊은 곳까지 자맥질해 들어가서 물속 벌레나 조개,
물고기, 물풀, 풀씨까지 온갖 것을 다 먹는다. 봄가을에는 한강에서도
볼 수 있고 낙동강 어귀, 강릉 경포호, 거제도 바닷가에서 겨울을 난다.
이듬해 봄에 다시 러시아로 떠난다.

몸길이 65cm
짝짓기 4~6월, 유럽, 러시아
알 7~13개
둥지 물가 바위틈, 벼랑
구분 겨울 철새

비오리 암컷이 물낯을 뛰어
날아오르는 모습

비오리 갯비오리 ^북 *Mergus merganser*

비오리는 뒤통수에 난 댕기깃이 빗으로 빗은 것처럼 가지런해서 '빗오
리'라고 했던 것이 바뀌어 굳어진 이름이다. 저수지나 강에서 무리 지
어 산다. 여러 마리가 한꺼번에 자맥질해서 물고기를 우르르 몰아 잡는
다. 부리에 톱날 같은 돌기가 있어서 미끄러운 물고기도 안 놓치고 잘 잡
는다. 10m 깊이까지도 자맥질하는데 한번 들어가면 1분 남짓 견딘다. 다
리가 몸 뒤쪽에 있어서 뒤뚱뒤뚱 걷지만 헤엄은 잘 친다. 가을에 우리나
라를 찾아와 이듬해 봄에 떠난다. 요즘에는 수가 많이 줄었다.

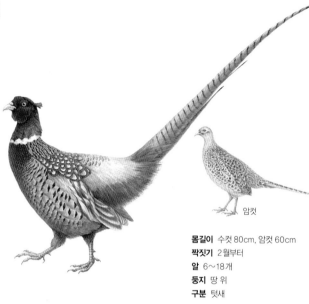

암컷

몸길이 수컷 80cm, 암컷 60cm
짝짓기 2월부터
알 6~18개
둥지 땅 위
구분 텃새

꿩 *Phasianus colchicus*

날아오르면서 '꿔꿩, 꿩'하고 소리를 내서 '꿩'이라는 이름이 붙었다. 수
컷은 '장끼', 암컷은 '까투리', 새끼는 '꺼병이'라고 한다. 옛 속담에도
많이 나오고, 조선 시대에는 《장끼전》이라는 소설도 있을 만큼 우리 겨
레와 가까운 새다. 탁 트인 풀밭이나 산기슭에서 암수가 짝을 지어 어슬
렁거리며 먹이를 찾는다. 낮에 먹이를 찾고 밤에는 나무 위에 올라가 잠
을 잔다. 날 수는 있지만 한 번에 오래 날지는 못한다. 천적이 다가오면
날기보다는 빨리 걷거나 뛰어서 도망간다.

짝짓기 무렵 먹이 빨개지고
머리 꼭대기에서 목덜미까지 까만
줄무늬가 나타난다.

몸길이 63cm
짝짓기 5~6월, 러시아
알 2개
둥지 땅 위
구분 겨울 철새

아비 붉은목담아지^북 *Gavia stellata*

아비는 바다나 강어귀에 사는데 물 위에 떠 있는 때가 많다. 긴 부리가 위로 살짝 들려 있어서 알아보기 쉽다. 위험을 느끼면 몸은 물에 담그고 머리만 물 위로 내민 채 둘레를 살핀다. 다리가 몸 뒤쪽에 있어서 헤엄도 잘 치고 자맥질도 잘 한다. 물 위에서 보다 물속에서 더 빨리 헤엄친다. 멸치를 아주 좋아해서 멸치 떼를 따라다닌다. 다른 겨울 철새보다 늦은 12월쯤 우리나라를 찾아와 동해와 남해 바닷가에서 겨울을 난다. 아비가 찾아오는 거제 바닷가는 천연기념물로 정했다.

어미는 새끼를 지키고 몸을 따뜻하게
해 주려고 등에 태우고 다닌다.

몸길이 26cm
짝짓기 4~7월
알 4개
둥지 저수지 갈대밭
구분 텃새

논병아리 농병아리^북 *Tachybaptus ruficollis*

논 둘레에 살고 병아리와 닮았다고 '논병아리'다. 호수나 저수지에도 산
다. 물 위에 떠서 지내는 때가 많다. 발에 나뭇잎처럼 넓적한 물갈퀴가
있어서 헤엄을 잘 치고 자맥질도 잘 한다. 물속 6m까지 들어가서 작은
물고기나 새우, 물풀이나 갈대 씨를 먹는다. 배 속에 소화가 안 된 찌꺼
기를 토하려고 가끔 제 깃털을 뽑아 먹는다. 짝짓기 때는 '까르르르르'
하고 높은 소리를 내면서 짝을 찾고 암수가 함께 물풀을 물고 마주보며
춤을 추기도 한다.

짝짓기 하는 여름에는 머리깃이 삐죽삐죽
돋아나고 빨간 밤색 귀깃이 길게 자란다.

몸길이 50cm
짝짓기 5~7월, 중국 북부, 유럽
알 3~5개
둥지 물가
구분 겨울 철새

뿔논병아리 뿔농병아리^북 *Podiceps cristatus*

뿔논병아리는 짝짓기 무렵 뒤통수에 뿔처럼 뾰족한 머리깃이 자란다.
호수나 강에서 홀로 다니거나 두세 마리씩 함께 산다. 다리가 몸 뒤쪽에
치우쳐 있어서 걷는 일은 드물고 헤엄치거나 자맥질 하면서 먹이를 찾는
다. 날개가 작아서 잘 못 난다. 천적이 다가오면 물속으로 숨을 때가 많
다. 땅 위에서나 물이 얼었을 때는 바닥에 납작 엎드려 다리로 몸을 밀
면서 다닌다. 가을에 우리나라를 찾아와서 이듬해 봄에 떠난다. 한 해
내내 살면서 새끼를 치는 무리도 있다.

몸길이 112cm
짝짓기 3~5월, 러시아, 중국 동북부
알 3~4개
둥지 나무 꼭대기
구분 겨울 철새
천연기념물 | 멸종위기 1급

황새 *Ciconia boyciana*

황새는 큰 새라는 뜻인 우리말 '한새'에서 왔다. 물이 고인 논이나 호수
에서 혼자 살거나 두세 마리씩 무리 지어 산다. 부리를 물속에 넣고 휘
휘 젓거나 날개를 퍼덕여서 튀어 오르는 물고기나 개구리를 잡아먹는
다. 논에 쌓인 볏짚을 뒤지기도 한다. 날 때는 기다란 목을 쭉 뻗고 너울
너울 난다. 늦가을에 우리나라로 와서 겨울을 난다. 온 세계에 남아 있
는 황새 가운데 1% 정도가 우리나라에 온다. 지금은 많이 사라져 천연
기념물로 보호하고 있다.

짝짓기 철이 되면 기름샘에서
나오는 까만 기름을 온몸에 문질러서
몸이 잿빛이 된다.

몸길이 75cm
짝짓기 4~5월
알 4개
둥지 높은 나뭇가지
구분 겨울 철새
**국제 보호조 | 천연기념물 |
멸종위기 2급**

따오기 땅욱이^북 *Nipponia nippon*

'따옥 따옥' 운다고 '따오기'다. 아침에 논바닥이나 개울가를 거닐면서
먹이를 잡아먹고, 대나무나 소나무가 우거진 숲으로 가서 잔다. 1950년
대까지만 해도 시골 마을에 흔히 살았지만, 사람들이 사냥을 하고 환경
오염이 심해지면서 수가 줄었다. 우리나라에서는 1979년에 마지막으로
본 뒤로 더 이상 보이지 않는다. 2008년에 다시 따오기를 퍼뜨리려고 중
국에서 두 마리를 들여왔다. 2013년에 두 마리를 더 들여와 창녕 우포늪
에 있는 따오기 복원센터에서 수를 늘리려 애쓰고 있다.

우리나라에서 지내는 겨울에는
깃털이 모두 하얗게 바뀐다.

몸길이 86cm
짝짓기 4~5월, 몽골, 중국, 유럽, 아프리카
알 3~5개
둥지 물가 풀밭
구분 겨울 철새
천연기념물 | 멸종위기 2급

노랑부리저어새 누른뺨저어새^북 *Platalea leucorodia*

노랑부리저어새는 짝짓기 무렵 까만 부리 끝이 노래진다. 논이나 냇가
에서 혼자 살거나 작은 무리를 지어 산다. 쉴 때는 한쪽 다리로 서서 머
리를 등깃에 올려놓는다. 먹이를 찾을 때는 부리를 물에 넣고 양옆으로
휘휘 젓는다. 부리 끝에 감각 기관이 있어서 먹이를 쉽게 찾는다. 사람
이 가까이 다가가면 곧바로 날아가 버린다. 황새처럼 목과 다리를 길게
뻗고 날개를 천천히 저으면서 너울너울 난다. 가을에 우리나라에 찾아
와 시화호, 순천만, 천수만 같은 곳에서 겨울을 난다.

몸길이 85cm
짝짓기 3월, 서해안
알 4개
둥지 바위, 절벽 틈
구분 여름 철새
**국제 보호조 | 천연기념물 |
멸종위기 1급**

저어새 검은낯저어새^북 *Platalea minor*

먹이를 찾을 때 주걱 같은 부리를 물속에 넣고 양옆으로 저으면서 잡는
다고 '저어새'다. 무인도 바닷가나 논, 강어귀에 살고 잠은 숲에서 잔다.
서너 마리부터 열 마리 남짓까지 무리 지어 다니면서 물을 휘젓거나 갯
벌을 헤집으며 먹이를 찾는다. 우렁이나 물고기를 잡으면 부리를 확 들
어 올려 삼킨다. 동아시아에만 살고 새끼는 우리나라에서만 친다. 어린
새는 날개 끝이 까맣고 댕기깃과 가슴에 노란 띠가 없다. 가을에 따뜻
한 남쪽으로 날아간다. 알 낳는 곳을 천연기념물로 정해서 지키고 있다.

몸길이 35cm
짝짓기 4~8월
알 5개
둥지 풀 줄기 위
구분 여름 철새

덤불해오라기 작은물까마귀^북 *Ixobrychus sinensis*

덤불해오라기는 저수지 둘레 갈대나 덤불에 많이 산다. 해오라기 가운데 몸집이 가장 작다. 낮에는 자고 해거름에 돌아다닌다. 목에 세로줄이 있어서 천적이 오면 목을 쭉 뻗어 풀 줄기처럼 보이려고 꼼짝 않는다. 먹이를 잡을 때도 갈대 줄기를 붙잡고 가만히 숨어 있다가 물고기나 개구리가 다가오면 기다란 부리로 재빨리 낚아챈다. 하늘을 날 때는 누런 밤색 날개덮깃과 까만 날개깃이 뚜렷하게 보인다. 날씨가 추워지면 동남아시아로 가서 겨울을 난다.

흰날개해오라기 *Ardeola bacchus*
머리와 목, 가슴은 빨간 밤색이고 등은 푸르스름한
까만색, 날개와 꼬리는 흰색이다. 짝짓기가
끝나면 온몸이 밤빛으로 바뀐다. 나그네새다.

몸길이 65cm
짝짓기 4~8월. 경기도 남쪽
알 3~5개
둥지 높은 나뭇가지
구분 여름 철새

해오라기 밤물까마귀 ^북 *Nycticorax nycticorax*

해오라기는 강이나 저수지에 산다. 낮에는 숲 속 높은 나무에서 잠을 자고 밤늦도록 먹이를 찾아다닌다. 물가에서 물속을 들여다보며 혀를 날름거리다가 먹잇감이 나타나면 잽싸게 들어가 부리로 낚아챈다. 쉴 때는 갈대밭이나 대나무 숲에 몸을 숨긴다. 백로나 왜가리처럼 목을 S자로 굽힌 채 움츠리고 다니고 날 때는 앞으로 쭉 뻗는다. 혼자 날 때가 많지만 멀리 떠날 때는 무리를 짓는다. 4~8월에 짝짓기를 하고 나무 위에서 새끼를 친다. 가을에 동남아시아로 떠난다.

몸길이 50cm
짝짓기 5~7월
알 6개
둥지 높은 나뭇가지
구분 여름 철새

황로 누른물까마귀^북 *Bubulcus ibis*

짝짓기 무렵 목과 등에 노란색 깃이 난다고 '황로'다. 우리나라에서 지내는 백로 가운데 몸집이 작은 편이다. 논 둘레나 풀밭에 작은 무리를 짓고, 짝짓기 무렵에는 암수가 함께 다닌다. 미꾸라지, 개구리, 뱀, 새우, 게, 쥐, 곤충 따위를 잡아먹는다. 예전에는 농부가 소를 몰아 논을 갈 때 뒤따라 다니면서 땅강아지나 굼벵이를 잡아먹는 일이 많았다. 가을에 중국 남부, 동남아시아, 호주로 떠나 겨울을 난다. 이듬해 봄에 백로 무리 가운데 가장 늦게 우리나라를 찾아온다.

몸길이 100cm
짝짓기 4~5월
알 3~5개
둥지 나무 꼭대기
구분 여름 철새

물고기를 잡아먹는 왜가리

왜가리 황새 *Ardea cinerea*

날면서 '왜액 왜액'하고 울어서 '왜가리'다. 저수지나 강에서 산다. 밤에 자고 낮에 돌아다닌다. 물가에 혼자 서서 가만히 눈으로 살피면서 물고기나 개구리, 새우 같은 먹이를 찾는다. 땅 위에서는 한쪽 다리를 들고 목을 S자로 굽힌 채 서 있다. 여름에 햇볕이 내리쬘 때는 날개를 들어 활짝 벌리고 목을 쭉 편 채 입을 벌리고 숨을 헐떡거린다. 몸에 땀구멍이 없어서 이렇게 몸에 있는 열을 밖으로 내보내고 더위를 식힌다. 새끼를 친 뒤 가을이 오면 따뜻한 남쪽 나라로 떠난다.

몸길이 90cm
짝짓기 4~6월
알 2~4개
둥지 높은 나무 위
구분 여름 철새

중대백로 *Ardea alba*

중대백로는 우리나라에 사는 백로 가운데 몸집이 가장 크다. 논이나 강, 개울에서 혼자 살거나 작은 무리를 지어 산다. 다리가 반쯤 잠기는 물속을 걸어 다니면서 먹이를 찾는다. 먹이가 눈에 띄면 가만히 보고 있다가 재빨리 부리로 잡아 삼킨다. 물고기나 개구리, 올챙이, 쥐, 새우, 가재 따위를 먹는다. 새끼 칠 무렵부터는 수백 마리씩 무리 지어 나무 위로 올라가 지낸다. 9월에 중국 남부나 필리핀으로 떠나거나 우리나라 남쪽 지방에 남는다.

몸길이 58~61cm
짝짓기 4~8월
알 3~6개
둥지 나무 위
구분 여름 철새

쇠백로 *Egretta garzetta*

쇠백로는 중대백로와 닮았지만 몸집이 더 작다. 또 중대백로와 달리 부리와 다리가 까맣고 발가락은 노랗다. 짝짓기 때가 되면 눈 앞이 빨개진다. 여름에 날아와 열 마리에서 오십 마리씩 무리를 지어 산다. 중대백로, 황로와 함께 섞여서 새끼를 친다. 4월 말부터 8월 초까지 나무 위에 둥지를 짓고 알을 낳아 새끼를 기른다. 전라남도 해남, 인천 강화도, 강원도 양양에서 많이 산다.

몸길이 65cm
짝짓기 4~6월
알 6개
둥지 떨기나무, 땅, 바위 위
구분 여름 철새
천연기념물 | 멸종위기 1급

노랑부리백로 *Egretta eulophotes*

노랑부리백로는 짝짓기 무렵 부리가 노래진다. 흔히 백로는 민물 둘레에 사는데 노랑부리백로는 서해안 갯벌과 소금밭에서 산다. 무리를 지어 섬 둘레나 갯벌을 돌아다니면서 먹이를 찾는다. 망둑어를 좋아하고 게 나 새우도 잡아먹는다. 날 때는 목을 구부리고 다리는 뒤로 쭉 뻗는다. 가을에 동남아시아로 떠나서 겨울을 난다. 온 세계에 이천 마리밖에 안 남은 멸종위기종이다. 전남 칠산도가 대표 번식지이고 한강이나 낙동강 어귀, 천수만, 진도, 제주도에서 조금 볼 수 있다.

물에서 나오면 날개를 활짝 펴고
젖은 깃털을 말린다.

몸길이 80cm
짝짓기 5~7월
알 4개
둥지 절벽
구분 텃새

가마우지 바다가마우지^북, 물까마귀 *Phalacrocorax capillatus*

가마우지는 '까만 깃털'이라는 뜻이다. 바닷가에서 너덧 마리씩 무리
지어 산다. 물새 가운데 자맥질을 가장 잘한다. 물속 30m까지 들어가서
물고기를 잡아 머리부터 통째로 삼킨다. 부리 끝이 갈고리처럼 휘어서
먹이를 한번 잡으면 안 놓친다. 가마우지는 기름샘이 없어서 깃털이 물
에 흠뻑 젖는다. 그래서 물 밖으로 나오면 바닷가 바위에 올라가 날개를
활짝 펴고 깃털을 말린다. 나는 데는 서툴러서 파도가 칠 때 생기는 상
승 기류를 타고 난다. 여럿이 옮겨 다닐 때는 V자 꼴을 이루며 난다.

물고기 잡는 모습

몸길이 수컷 54cm, 암컷 64cm
짝짓기 2~6월, 유럽, 시베리아
알 4개
둥지 높은 나무, 바위 위
구분 나그네새
천연기념물 | 멸종위기 2급

물수리 바다수리^북 *Pandion haliaetus*

물수리는 다른 수리와 달리 물고기만 잡아먹는다. 봄가을에 우리나라로 와서 혼자 지낸다. 바닷가나 냇가 둘레를 빙빙 날다가 먹이를 보면 그대로 멈춘다. 이때다 싶을 때 날개를 반쯤 접고 쏜살같이 내려가 물속으로 다리를 쭉 뻗어 물고기를 낚아챈다. 잡은 물고기를 높은 나무 위로 가져가서 갈고리처럼 꼬부라진 부리로 천천히 뜯어 먹는다. 새끼를 치고 우리나라에 들러 쉬었다가 동남아시아로 가서 겨울을 난다. 낙동강 어귀나 제주도에 남아서 겨울을 나는 무리도 있다.

날개를 폈을 때 가로 길이는 2m가
훌쩍 넘는다. 짧은 꼬리깃을 부채처럼
펼치고 난다.

몸길이 110cm
짝짓기 2~5월, 몽골, 러시아
알 1~2개
둥지 높은 나뭇가지, 절벽
구분 겨울 철새
천연기념물 | 멸종위기 2급

독수리 번대수리 ^북 *Aegypius monachus*

독수리는 한자말인 대머리 '독(禿)'과 우리말 '수리'를 더해 지은 이름이
다. 겨울 털갈이 때 머리 꼭대기와 목덜미 털이 빠져 맨살이 드러난다.
숲이나 강어귀에 산다. 짝짓기 때는 암수가 함께 다니고 겨울에는 큰 무
리를 짓는다. 높이 날아오르면 날갯짓을 거의 안 하고 날개를 일자로 쭉
뻗은 채 상승 기류를 탄다. 300m 높이에서도 먹이를 찾을 수 있다. 죽
은 동물을 먹는다. 가끔 살아 있는 토끼나 쥐를 노리기도 하지만 몸집
이 크고 굼떠서 잘 못 잡는다. 가을에 우리나라로 와서 겨울을 난다.

몸길이 수컷 50cm, 암컷 60cm
짝짓기 5~6월, 중국 북부, 러시아
알 2~4개
둥지 높은 나뭇가지
구분 겨울 철새
천연기념물 | 멸종위기 2급

참매 *Accipiter gentilis*

참매는 진짜 매, 좋은 매라는 뜻이다. 숲 속이나 논밭 둘레에 있는 낮은 산에서 혼자 살거나 암수가 함께 산다. 다른 매보다 날개가 짧고 넓다. 먹이를 잡을 때는 소리 없이 가까이 날아가서 다리를 쭉 뻗어 잽싸게 낚아챈다. 다른 매들은 먹이 위에서 내리꽂으면서 발로 차 떨어뜨려 잡는다. 발톱이 길고 날카로워서 한번 잡으면 놓치는 일이 없다. 날아다니는 새를 많이 잡아먹고 토끼나 곤충도 먹지만, 죽은 동물은 안 먹는다. 늦가을에 우리나라를 찾아와 겨울을 난다.

몸길이 수컷 58cm, 암컷 68cm
짝짓기 3월
알 2~4개
둥지 높은 나무 위
구분 텃새
멸종위기 2급

솔개 소리개^북 *Milvus migrans*

솔개는 산이나 강, 바닷가에서 혼자 산다. 하늘 높이 날면서 빙빙 돌다가 먹이를 보면 재빨리 내려온다. 날카로운 발톱으로 먹이를 낚아챈 뒤 높은 나뭇가지나 땅 위로 옮겨서 먹는다. 쥐, 새, 물고기, 개구리를 잡아먹고 죽은 동물이나 버려진 내장 같은 것도 먹어서 생태계 청소부 노릇을 한다. 날 때 양쪽 날개를 약간 꺾은 채로 난다. 날개 아래쪽에 하얀 점무늬가 있다. 부산 을숙도나 다대포 바닷가에서 몇 마리씩 볼 수 있다. 텃새지만 수가 많이 줄어서 보기 드물다.

털발말똥가리 *Buteo lagopus*
머리와 가슴은 하얗고 밤색 세로줄 무늬가
있다. 배와 등, 날개는 밝은 밤색 바탕에
하얀 얼룩무늬가 있다. 겨울 철새.

몸길이 수컷 52cm, 암컷 56cm
짝짓기 5~6월, 몽골, 유럽 북부 숲 속
알 2~3개
둥지 산비탈, 벼랑
구분 겨울 철새

말똥가리 저광이 ^북 *Buteo buteo*

말똥가리는 논밭이나 낮은 산에서 혼자 살거나 암수가 함께 산다. 날개
가 짧고 둔해서 날기보다는 높은 나뭇가지에 앉아서 먹이를 찾는다. 쥐
나 두더지를 잡아먹고 개구리, 뱀, 날아다니는 새도 잡는다. 짝짓기 무
렵에는 토끼를 많이 잡아먹는다. 눈이 밝고 시야가 넓어서 2km쯤 떨어
진 곳에 있는 토끼도 알아본다. 날개 끝을 벌리고 꼬리깃은 부채꼴로 펼
친 채 제자리에 멈춰 날기도 한다. 10월에 오백 마리쯤 우리나라를 찾는
다. 울릉도 같은 섬에서는 한 해 내내 살기도 한다.

몸길이 수컷 38cm, 암컷 33cm
짝짓기 6~8월
알 5~10개
둥지 논 둘레
구분 여름 철새
천연기념물 | 멸종위기 2급

뜸부기 들복이, 들북이 *Gallicrex cinerea*

짝짓기 무렵 수컷이 '뜸 뜸'하고 운다고 '뜸부기'라는 이름이 붙었다. 논이나 갈대가 우거진 호수에 산다. 낮에는 쉬고 아침저녁으로 논에서 먹이를 찾는다. 벼 포기를 헤치고 다니며 작은 물고기나 지렁이, 달팽이, 풀씨를 찾아 먹는다. 다리와 발가락이 길어서 재빨리 걷고 몸통이 양옆으로 납작해서 벼 포기 사이를 잘 헤집고 다닌다. 가을에 따뜻한 동남아시아로 떠난다. 1980년대까지만 해도 흔한 새였는데 논에 농약을 치면서 수가 많이 줄었다.

발가락마다 양쪽에 접었다 폈다
하는 납작한 물갈퀴가 붙어 있다.

몸길이 41cm
짝짓기 6~7월
알 6~13개
둥지 물낮 위 갈대 덤불
구분 텃새

물닭 큰물닭^북 *Fulica atra*

물가에 사는 새인데 닭과 닮았다고 '물닭'이다. 갈대와 물풀이 우거진
호수나 저수지에 산다. 발가락이 하나하나 떨어져 있고 저마다 물갈퀴
가 붙어 있어서 헤엄도 잘 치고 걷기도 잘한다. 물속에서 자맥질하며 지
내다가 겨울에 물이 얼면 얼음과 땅 위를 걸어 다닌다. 물에서 작은 물
고기와 달팽이, 물풀을 먹고 가까운 논에서 벼 낟알이나 풀씨를 주워
먹는다. 사람이나 천적이 다가가면 재빨리 물속으로 숨거나 물 위를 달
리거나 낮게 날면서 멀리 도망친다.

겨울에는 가족끼리 무리 지어 다닌다.

몸길이 120cm
짝짓기 4~5월, 몽골, 러시아
알 2개
둥지 풀밭
구분 겨울 철새
천연기념물 | 멸종위기 2급

재두루미 *Grus vipio*

몸에 잿빛 깃이 많다고 '재두루미'다. 논이나 갯벌에서 50~300마리씩 큰 무리를 짓는다. 낮에는 논에서 낟알이나 풀씨를 주워 먹고 갯벌에서 작은 물고기나 새우 따위를 잡아먹는다. 밤에는 한쪽 다리로 서서 머리를 등깃에 묻고 잔다. 날아오를 때는 날개를 반만 벌리고 빠르게 몇 걸음 뛰면서 떠올라 목과 다리를 쭉 뻗고 난다. 여럿이 날 때는 V자 꼴을 이루고 수가 적을 때는 나란히 난다. 10월이 되면 해마다 1,400마리쯤 우리나라를 찾아온다.

몸길이 135cm
짝짓기 2~3월, 일본, 러시아
알 1~2개
둥지 갈대 덤불
구분 겨울 철새
국제 보호조 | 천연기념물 |
멸종위기 1급

두루미 흰두루미^북, 학, 단정학 *Grus japonensis*

두루미는 흔히 '학'이라고 한다. 풀밭이나 논밭 둘레에 가족끼리 또는
30~50마리씩 무리를 짓는다. 한번 짝을 맺으면 평생 같이 산다. 여름에
는 물고기나 곤충, 개구리를 먹고 겨울에는 풀씨나 낟알을 먹는다. 몸집
이 커서 바람 힘을 빌려 날개를 위아래로 힘차게 퍼덕이며 바람이 부는
쪽으로 뛰다가 날아오른다. 짝짓기 때는 암수가 마주 선 채 하늘을 보
고 '뚜루 뚜루'하고 크게 운다. 이 모습을 보고 사람들이 '학춤'을 춘다
고 한다. 11월부터 해마다 천 마리쯤 우리나라를 찾아온다.

몸길이 100cm
짝짓기 5~7월, 러시아, 몽골, 중국 북부
알 2개
둥지 물가
구분 겨울 철새
천연기념물 | 멸종위기 2급

흑두루미 흰목검은두루미^북 *Grus monacha*

흑두루미는 이름처럼 몸이 까맣다. 논이나 늪에서 가족끼리 살거나 큰
무리를 지어 산다. 먹이를 구할 때는 다 같이 논바닥을 걸어 다니면서
낟알이나 풀씨를 주워 먹고 물가에서 물고기, 개구리, 우렁이, 새우를
잡아먹는다. 천적이 다가가면 무리 가운데 한 마리가 '쿠루루' 소리를
낸다. 이 소리를 들으면 모두 목을 세우고 날 준비를 한 뒤 한꺼번에 날
아오른다. 해가 지면 사람 없는 곳에 가서 쉰다. 가을에 우리나라를 찾
아와 순천만, 천수만에서 겨울을 난다.

몸길이 45cm
짝짓기 4~5월, 서해안 무인도
알 3개
둥지 자갈밭
구분 텃새
천연기념물 | 멸종위기 2급

검은머리물떼새 까치도요^북, 물까치 *Haematopus ostralegus*

머리가 까맣고 물가에서 떼 지어 다닌다고 '검은머리물떼새'다. 바닷가
나 강어귀에서 너덧 마리씩 모여 산다. 갯벌이나 바닷가를 걸어 다니면
서 먹이를 찾는다. 갯벌에 부리를 깊숙이 넣어 조개, 물고기, 지렁이, 게
를 잡아먹고 단단한 부리로 갯바위에 붙은 굴도 떼어 먹는다. 가끔 물
풀이나 그 열매를 먹기도 한다. 사람이 다가가면 재빨리 도망친다. 하늘
을 날 때 날개 위쪽에 하얀 띠가 뚜렷하게 보인다. 겨울에는 강화도 갯
벌에 살던 새들이 서해안 남쪽으로 옮겨 간다.

몸길이 50cm
짝짓기 4~6월
알 4개
둥지 물 위
구분 나그네새

뒷부리장다리물떼새 *Recurvirostra avosetta*
부리가 가늘면서 위로 휘어 있다. 머리와 목덜미,
날개에 까만 무늬가 뚜렷하다. 나그네새.

장다리물떼새 긴다리도요[북] *Himantopus himantopus*

장다리물떼새는 물떼새 무리 가운데 다리가 가장 길다. 논이나 호수, 바닷가 얕은 물에 산다. 물가를 천천히 걸어 다니며 먹이를 찾는다. 논에서는 개구리, 올챙이, 애벌레를 먹고 바닷가에서는 작은 물고기나 조개를 먹는다. 제자리에 서면 몸을 위아래로 꺼떡꺼떡 흔드는 버릇이 있다. 헤엄을 잘 치고 날 때는 긴 다리를 꼬리 뒤로 쭉 뻗어 날갯짓을 천천히 하면서 너울너울 난다. 2000년대 초까지만 해도 우리나라에서 30~50쌍이 새끼를 쳤는데, 요즘에는 봄가을에 들러 쉬어 가기만 한다.

몸길이 32cm
짝짓기 3~4월, 몽골, 러시아
알 4~5개
둥지 풀밭
구분 나그네새

댕기물떼새 댕기도요^북, 쟁개비 *Vanellus vanellus*

댕기물떼새는 머리에 댕기처럼 길게 뻗은 깃이 있다. 논, 갯벌에서 서너 마리부터 오십 마리까지 무리 지어 산다. 서너 걸음 걷다가 멈춰 둘레를 살피고 다시 걷기를 되풀이하면서 먹이를 찾는다. 날 때는 날개를 천천히 저으며 너울너울 난다. 몽골이나 러시아에서 새끼를 친 뒤 늦가을쯤 동남아시아로 내려가면서 우리나라에 들러 쉰다. 중부 지방에 남아서 겨울을 나는 무리도 있다. 이듬해 봄에 새끼를 치러 올라 가면서 다시 들른다.

개꿩과 검은가슴물떼새는 여름에
생김새가 닮아 가려내기 어렵다.
개꿩이 몸집이 더 크고 하얀색이 뚜렷하다.

개꿩

검은가슴물떼새

몸길이 29cm
짝짓기 5~7월, 툰드라
알 4개
둥지 땅 위
구분 나그네새

개꿩 검은배알도요 [북] *Pluvialis squatarola*

갯가에 살고 꿩 암컷과 닮아서 '개꿩'이다. 꿩보다 몸집이 작고 날씬하
다. 바닷가 갯벌에 열 마리쯤 무리 지어 산다. 썰물 때 갯벌을 걸어 다니
면서 먹이를 찾는다. 갯지렁이나 새우, 조개를 많이 먹고 곤충이나 풀씨
도 먹는다. 무리 지어 날 때는 옆으로 나란히 날거나 V자 꼴을 이룬다.
날개를 펼치고 날면 옆구리에 있는 까만 반점과 날개 위쪽에 하얀 띠,
허리에 하얀색이 뚜렷하게 보인다. 봄가을마다 옮겨 다니면서 우리나라
에 들른다. 겨울은 동남아시아와 중국 남부에서 난다.

몸길이 15cm
짝짓기 4~7월
알 4개
둥지 자갈밭, 모래밭
구분 여름 철새

둥지에 천적이 다가오면 다리를
절룩거리거나 날개를 퍼덕이며
다친 척하면서 다른 곳으로 이끈다.

꼬마물떼새 알도요^북, 낄룩새 *Characrius dubius*

꼬마물떼새는 물떼새 가운데 몸집이 가장 작다. 날개를 펴면 다른 물
떼새 무리한테 있는 흰색 띠가 없다. 여름에는 암수가 함께 살고 새끼를
치면 가족끼리 다닌다. 몸집에 견주어 눈이 크고 밝아서 두리번거리며
먹이를 찾는다. 하루살이나 파리, 모기처럼 작은 벌레와 물속 곤충 애
벌레를 잡아먹는다. 이른 봄에 우리나라에 와서 새끼를 치고 가을 들머
리에 남쪽 나라로 떠난다. 알은 자갈밭에 낳는데 자갈과 똑 닮아서 알아
보기 어렵다.

흰목물떼새 *Charadrius placidus*
흰물떼새보다 몸집이 크고 부리가 길다.
가슴에 있는 까만 띠는 가늘고 한 줄로
이어진다. 나그네새다.

몸길이 17cm
짝짓기 4~7월, 러시아
알 3~4개
둥지 모래밭, 자갈밭
구분 나그네새

흰물떼새 흰가슴알도요 ^북 *Charadrius alexandrinus*

흰물떼새는 몸 빛깔이 연하고 흰빛을 많이 띤다고 붙은 이름이다. 바닷
가나 강, 저수지에서 무리 지어 산다. 눈이 크고 밝다. 둘레를 둘러보다
가 먹이를 찾으면 재빨리 달려간다. 갯지렁이를 잡을 때는 흙 속으로 도
망가는 지렁이를 재빨리 물고 몸이 안 끊어지게 천천히 당겨서 통째로
끌어낸다. 날아오를 때 펼친 날개 위쪽에 하얀 띠가 보인다. 봄가을에
옮겨 다니면서 우리나라에 들러 낙동강 어귀나 김포 모래밭에서 쉬어
간다. 남부 지방 바닷가에서 겨울을 나는 무리도 있다.

몸길이 27cm
짝짓기 3~7월
알 5개
둥지 물가 풀밭
구분 나그네새

꺅도요 *Gallinago gallinago*

꺅도요는 위험을 느끼면 가만히 웅크리고 숨었다가 천적이 가까이 다가
오면 '꺅 꺅'하고 큰 소리를 내면서 튀듯이 날아오른다. 바닷가나 강가
에서 사는데 낮에는 덤불 속에 숨어 쉬다가 해거름에 나와 먹이를 찾는
다. 논이나 냇가 개흙 바닥에 긴 부리를 꽂고 헤치면서 작은 물고기, 지
렁이, 달팽이 따위를 잡아먹는다. 재빨리 움직이고 잘 숨어서 가까이 보
기는 어렵다. 날 때 날개 아래쪽을 보면 가장자리에 하얀 띠가 뚜렷하
다. 봄가을에 우리나라에 들러 먹이를 먹고 쉬어 간다.

몸길이 60cm
짝짓기 5월, 몽골, 러시아
알 4개
둥지 땅 위
구분 나그네새

마도요 *Numenius arquata*

마도요는 우리나라에서 보는 도요 가운데 몸집과 부리가 가장 크고 길다. 바닷가 갯벌이나 소금밭, 냇가에 무리 지어 산다. 부리 끝에 신경이 있어서 갯벌 깊숙이 있는 먹이도 잘 찾아낸다. 썰물 때 갯벌이 드러나면 긴 부리로 바닥을 찔러 먹이를 찾는다. 갯지렁이, 새우, 조개를 잡아먹는데 게를 가장 좋아한다. 날 때는 날개깃에 덮여 있던 하얀 허리가 잘 보인다. 알락꼬리마도요와 닮았는데 알락꼬리마도요 허리는 하얀 바탕에 밤색 무늬가 있다. 봄가을에 우리나라에 들러 쉬어 간다.

몸길이 63cm
짝짓기 6~7월, 시베리아, 중국 동북부
알 4개
둥지 풀밭
구분 나그네새
국제 보호조 | 멸종위기 2급

알락꼬리마도요 *Numenius madagascariensis*

마도요와 닮았는데 몸에 하얀 부분이 없고 밤빛 무늬가 알락달락해서
'알락꼬리마도요'다. 몸집도 마도요보다 크다. 서해 갯벌이나 강어귀에
서 볼 수 있다. 마도요와 함께 무리를 이룬다. 부리가 무척 크고 길며 아
래로 휘어져 있다. 긴 다리로 갯벌이나 얕은 물가를 성큼성큼 걸어 다닌
다. 긴 부리를 뻘 속에 깊숙이 찔러 넣고 먹이를 찾는다. 뻘 속에서 게를
파내면 부리로 물고 흔들어서 다리를 떼어 내고 먹는다. 봄가을에 우리
나라에 머물러 가는 나그네새다.

쇠청다리도요 *Tringa stagnatilis*
청다리도요보다 몸집이 작고
부리는 얇고 곧다. 나그네새다.

몸길이 32cm
짝짓기 4~5월, 러시아
알 3~5개
둥지 풀숲
구분 나그네새

청다리도요 푸른다리도요[북] *Tringa nebularia*

청다리도요는 다리 색이 노르스름한 풀빛이고 부리 끝이 위로 조금 휘
었다. 바닷가 갯벌이나 저수지 얕은 물가에 산다. 두세 마리부터 칠팔십
마리까지 무리를 짓는다. 아침저녁에 긴 부리로 먹이를 찾아 잡아먹는
다. 날아오를 때는 '뾰뾰뾰'하고 소리를 낸다. 꼬리 뒤로 다리를 쭉 뻗고
여럿이서 나란히 난다. 날 때 날개 밑에 하얀 허리가 드러난다. 겨울은
따뜻한 남쪽에서 나고 새끼 치러 오가는 봄가을에 우리나라에 들러 쉰
다. 낙동강 어귀나 서해안 갯벌에서 흔히 본다.

몸길이 24cm
짝짓기 5~6월, 러시아
알 4개
둥지 나무 위
구분 나그네새

알락도요 *Tringa glareola*
뻑뻑도요와 닮았지만 몸집이 더 크고
수도 훨씬 많다. 등에 회색 점이 많고
다리는 노랗다. 나그네새다.

뻑뻑도요 뻑뻑도요^북 *Tringa ochropus*

'삐삐삐삐'하는 날카로운 소리로 울어서 '뻑뻑도요'다. 냇가나 강 같은
민물에서 혼자 살거나 두세 마리가 모여 산다. 다리가 짧아서 걸을 때
뒤뚱거린다. 물가를 걸어 다니면서 지렁이나 곤충, 거미 따위를 잡아먹
는다. 사람이나 천적이 다가가면 날카로운 소리를 내면서 날아오른다.
날 때 보면 날개 아래쪽은 까만 밤색이고 옆구리가 하얗다. 따뜻한 남
쪽 나라에서 겨울을 나고 봄가을에 우리나라에 들러 쉰다. 남부 지방에
서는 몇 마리씩 남아 겨울을 나기도 한다.

몸길이 15cm
짝짓기 6~7월, 툰드라 습지
알 4개
둥지 풀밭
구분 나그네새

좀도요 *Calidris ruficollis*

좀도요는 도요 무리 가운데 몸집이 가장 작다. 바닷가 갯벌이나 강어
귀, 소금밭에서 산다. 작은 무리를 지어 사는데 다른 도요와 섞여 다니
기도 한다. 도요 가운데 가장 먼저 우리나라를 찾아온다. 갯벌에 사는
조개, 게, 가재를 먹고 곤충과 갯지렁이도 잘 먹는다. 무리 지어 바쁘게
다니면서 먹이를 먹고 날 때도 우르르 한꺼번에 날아오른다. 예전에는
1,000마리쯤 왔는데 늪과 갯벌이 사라지면서 요즘은 10~50마리밖에
안 온다. 새끼를 치러 오가는 봄가을에 우리나라에 들러 쉰다.

몸길이 20cm
짝짓기 5~6월, 유럽, 러시아
알 3~4개
둥지 땅 위, 낮은 나뭇가지
구분 나그네새

민물도요 갯도요^북 *Calidris alpina*

민물에 사는 도요라고 '민물도요'라는 이름이 붙었다. 하지만 바닷가
갯벌이나 민물과 바닷물이 만나는 강어귀에 산다. 수백에서 만 마리까
지 큰 무리를 짓는다. 갯벌을 걸어 다니면서 갯지렁이와 게, 새우를 잡
아먹는다. 얕은 물에 들어가 물고기를 잡아먹거나 풀씨를 먹기도 한다.
몸 위쪽은 어둡고 아래쪽은 밝아서 떼 지어 날다가 갑자기 방향을 이리
저리 바꾸면 한꺼번에 밝아졌다 어두워졌다 한다. 봄가을에 서해 갯벌
에 들러 쉰다. 우리나라에 찾아오는 도요 가운데 수가 가장 많다.

짝짓기 하는 여름에는 머리가
까만 밤색이다.

몸길이 40cm
짝짓기 4~7월, 유럽, 러시아
알 2~4개
둥지 땅 위
구분 겨울 철새

붉은부리갈매기 *Chroicocephalus ridibundus*

우리나라에 머무는 겨울에 부리와 다리가 빨개서 '붉은부리갈매기'라
는 이름이 붙었다. 바닷가 항구나 강어귀에서 무리 지어 산다. 검은머리
갈매기와 섞여 지낸다. 검은머리갈매기는 하늘을 날다가 먹이를 찾으면
내려앉으면서 낚아채는데, 붉은부리갈매기는 갯벌을 걸어 다니면서 먹
이를 찾는다. 물고기 말고도 횟집에서 내다 버린 물고기 내장, 곤충, 쥐,
음식물 찌꺼기까지 안 먹는 것이 없다. 다른 새들이 먹는 것을 빼앗기도
한다. 여름에 북쪽에서 새끼를 친 뒤 우리나라를 찾아와 겨울을 난다.

몸길이 32cm
짝짓기 4〜5월
알 4개
둥지 땅 위
구분 텃새
멸종위기 2급

검은머리갈매기 *Chroicocephalus saundersi*

짝짓기 무렵 머리가 까맣다고 '검은머리갈매기'다. 붉은부리갈매기도
짝짓기 철에는 머리가 까맣지만 부리는 빨간데, 검은머리갈매기는 부리
까지 까맣다. 바닷가 갯벌과 강어귀에서 산다. 갯벌에서 게, 새우, 갯지
렁이를 잡아먹고, 바다 위에서 낮게 날다가 부리로 잽싸게 물고기를 낚
아채기도 한다. 수십 수백 마리가 무리를 짓는다. 알을 품거나 새끼를
키울 때 천적이 다가가면 사납게 덤벼들어 쫓는다. 사는 곳이 자꾸 사라
져서 수가 많이 줄었다. 텃새지만 갈매기 무리 가운데 가장 드물다.

몸길이 46cm
짝짓기 4~6월
알 3개
둥지 무인도 풀밭
구분 텃새

괭이갈매기 검은꼬리갈매기^북 *Larus crassirostris*

울음소리가 고양이 울음소리 같다고 '괭이갈매기'다. 몸은 하얗고 등은 잿빛이다. 부리는 노랗고 끝에 빨갛고 까만 무늬가 있다. 바닷가와 강어귀에서 산다. 물고기부터 음식물 찌꺼기까지 안 가리고 다 먹는다. 유람선을 따라다니면서 사람들이 던져주는 과자를 받아먹기도 한다. 태풍이 밀려올 때면 바다에서 갑자기 무리를 지어 항구로 몰려와 태풍이 올 것을 미리 알려준다. 바다 위에서는 물고기 떼를 쫓아다녀서 이 모습을 보고 어부들이 물고기 떼를 찾기도 한다.

몸길이 62cm
짝짓기 5~8월, 러시아, 알래스카
알 3개
둥지 풀밭, 벼랑
구분 겨울 철새

재갈매기 *Larus vegae*

등과 날개가 잿빛을 띤다고 '재갈매기'다. 우리나라에서 지내는 갈매기 가운데 몸집이 큰 편이다. 바닷가 모래밭이나 갯벌에서 무리 지어 쉬고 항구나 횟집 둘레를 날아다니며 먹이를 찾는다. 물고기는 물론이고 다른 새가 낳은 알이나 새끼, 죽은 동물, 음식 찌꺼기, 나무 열매까지 안 가리고 먹는다. 날 때는 날개를 편 채 바닷바람을 타고 날다가 물 위로 미끄러지듯 내려앉는다. 가을에 우리나라를 찾아와 이듬해 봄까지 지낸다. 괭이갈매기와 함께 큰 무리를 지어 산다.

쇠제비갈매기 Sternula albifrons
몸집이 훨씬 작고 부리가 노랗고
끝이 까맣다. 여름 철새다.

몸길이 35cm
짝짓기 5~8월, 몽골, 러시아
알 2~3개
둥지 진흙땅, 모래밭
구분 나그네새

제비갈매기 검은머리소갈매기^북 *Sterna hirundo*

제비처럼 날개 끝이 뾰족하고 꼬리가 두 갈래로 길게 뻗는다고 '제비갈매기'다. 호수나 늪 둘레 갈대숲에서 무리 지어 산다. 물 위를 낮게 날거나 제자리에 멈춰 날면서 먹이를 찾는다. 먹잇감을 보면 날개를 반쯤 접고 물속으로 뛰어들어 먹이를 잡는다. 게, 새우, 작은 물고기를 잡아먹고 날아다니는 곤충도 먹는다. 멀리 옮겨 다닐 때도 무리를 짓는다. 날 때 제비처럼 긴 꽁지가 눈에 띈다. 봄가을마다 동해, 을숙도, 천수만에 들러 먹이를 먹으며 쉬어 간다.

몸길이 33cm
짝짓기 3~6월, 늦가을
알 2개
둥지 높은 나뭇가지
구분 텃새

멧비둘기 *Streptopelia orientalis*

멧비둘기는 산에 사는 비둘기라고 산을 뜻하는 옛말 '메'가 이름에 붙
었다. 낮은 산이나 논 둘레에 산다. 짝짓기 때는 암수가 함께 다니고 새
끼를 친 뒤에는 수십 수백 마리가 무리 지어 다닌다. 땅 위에서 걸어 다
닐 때는 머리를 앞뒤로 꺼떡꺼떡 흔든다. 하늘을 날 때는 길고 뾰족한
날개로 빠르게 난다. 벼나 보리, 콩, 옥수수 낱알이나 나무 열매를 먹고,
여름에는 곤충을 잡아먹는다. 사람들이 키우는 농작물을 많이 먹어서
농사꾼이 싫어한다. 우리나라 산과 들 어디서나 볼 수 있다.

몸길이 30cm
짝짓기 4~5월
알 5개
둥지 다른 새 둥지
구분 여름 철새

벙어리뻐꾸기 궁궁새^북 *Cuculus saturatus*

뻐꾸기와 닮았는데 '궁궁궁'하고 쥐어짜면서 소리를 제대로 못 낸다고 '벙어리뻐꾸기'다. 깊은 산속 울창한 숲에서 혼자 산다. 나뭇가지 사이를 날아다니면서 나비나 나방 애벌레, 벌, 매미 따위를 잡아먹는다. 암컷은 산솔새나 멧새 둥지에 알을 낳는다. 새끼가 깨면 둥지에 있는 다른 알을 밖으로 밀어내고 산솔새나 멧새 어미가 주는 먹이를 받아먹고 큰다. 알을 낳은 어미는 둥지 둘레에서 지내다가 새끼가 다 크면 울음소리로 새끼를 불러내 함께 떠난다.

몸길이 33cm
짝짓기 5~7월
알 20개
둥지 다른 새 둥지
구분 여름 철새

두견이 *Cuculus poliocephalus*
뻐꾸기보다 몸집이 작고 배에 있는
가로줄이 굵으면서 사이가 넓다.
여름 철새다.

뻐꾸기 *Cuculus canorus*

짝짓기 무렵 수컷이 '뻐꾹 뻐꾹' 소리를 내서 '뻐꾸기'다. 날면서 우는
때가 많아 눈에 잘 띈다. 들판이나 산에서 혼자 지내다가 짝짓기 때만
암수가 함께 다닌다. 나비나 나방 애벌레, 다른 곤충, 쥐 따위를 잡아먹
는다. 암컷은 멧새, 산솔새, 개개비 같은 새 둥지에 있는 알 하나를 버리
고 자기 알을 하나 낳는다. 새끼가 깨면 다른 알과 새끼를 죄다 둥지 밖
으로 밀어낸다. 멧새나 산솔새 어미는 뻐꾸기를 제 새끼로 알고 키운다.
가을에 동남아시아나 인도로 날아가 겨울을 난다.

잠잘 때 눈은 감아도 깃뿔은
안테나처럼 세운 채 주위를
살핀다.

몸길이 20cm
짝짓기 5~6월
알 3~5개
둥지 나무 구멍
구분 여름 철새

소쩍새 접동새^북 *Otus sunia*

소쩍새는 밤에 '소쩍 소쩍' 운다. 깊은 산속이나 숲에 사는데 밤에는 공원이나 과수원, 도시 가로수까지 내려오기도 한다. 낮에는 나무 구멍이나 나뭇가지에 앉아 쉬고 해거름부터 새벽까지 먹이를 찾는다. 나방이나 매미, 메뚜기 같은 곤충을 먹고 작은 새나 쥐도 잡아먹는다. 짝짓기 때는 수컷이 밤새 울음소리를 내면서 암컷을 찾는다. 봄부터 가을까지 온 나라 숲 속에서 소쩍새 울음을 들을 수 있다. 새끼를 친 뒤 가을에 중국 남부와 동남아시아로 날아가 겨울을 난다.

몸길이 70cm
짝짓기 1~2월
알 2~4개
둥지 벼랑, 바위틈, 나무 구멍
구분 텃새
천연기념물 | 멸종위기 2급

수리부엉이 *Bubo bubo*

수리처럼 크고 날쌔다고 '수리부엉이'다. 우리나라 올빼미 무리 가운데 몸집이 가장 크다. 머리에 길게 자란 깃뿔이 있어서 쉽게 알아볼 수 있다. 절벽이나 바위가 많은 산에 혼자 산다. 낮에는 쉬고 해거름부터 해 뜰참까지 먹이를 찾아다닌다. 먹이를 찾으면 소리 없이 날아가 날카로 운 발톱으로 낚아챈다. 곤충이나 개구리, 도마뱀, 쥐 같은 작은 동물부 터 산토끼, 꿩 같은 큰 동물까지 잡아먹는다. 소화하지 못한 털과 뼈는 덩어리로 게워 낸다. 이 덩어리를 '펠릿'이라고 한다.

몸길이 38cm
짝짓기 2~3월
알 2~4개
둥지 나무 구멍
구분 텃새
천연기념물 / 멸종위기 2급

올빼미 *Strix aluco*

올빼미는 검다는 뜻을 지닌 옛말 '온'에서 온 이름이다. 낮에는 쉬고 깜깜한 밤에 움직여서 이런 이름이 붙었다. 숲 속이나 시골 마을 둘레에서 혼자 산다. 사람 눈처럼 얼굴 앞에 눈이 있어서 거리를 잘 가늠한다. 귓구멍이 위아래로 길고 양쪽 높이가 달라서 작은 소리를 듣고도 먹이를 잘 찾아낸다. 조용히 날면서 곤충부터 쥐, 새, 토끼 같은 먹이를 잡아먹는다. 큰 먹이는 날카로운 발톱으로 움켜쥐고 잘게 찢어 먹는다. 소화가 안 되는 털과 뼈는 펠릿으로 게워 낸다.

몸길이 29cm
짝짓기 5~7월
알 3~5개
둥지 나무 구멍, 빈 까치 둥지
구분 여름 철새
천연기념물

솔부엉이 *Ninox scutulata*

소나무가 많은 곳에 산다고 '솔부엉이'다. 혼자 살거나 암수가 함께 산다. 낮에는 나뭇가지에 앉아 쉬고 해뜰참이나 해가 진 뒤 먹이를 찾아다닌다. 긴 날개를 소리 없이 펄럭이면서 나무에 붙어사는 매미를 잡아먹고, 날아다니는 나방도 쫓아가서 잡는다. 박쥐나 작은 새, 뱀, 개구리도 먹는다. 짝짓기 철에는 수컷이 밤새도록 '후후 후후' 울면서 암컷을 부른다. 새끼를 키울 때 천적이나 사람이 둥지 가까이 다가가면 사납게 덮치면서 쫓아낸다. 가을에 동남아시아로 떠나 겨울을 난다.

몸길이 41cm
짝짓기 4~5월, 몽골, 러시아
알 4~14개
둥지 갈대밭, 풀밭
구분 겨울 철새
천연기념물

올빼미 무리는 머리가 양옆으로
180도까지 돌아가서 360도를 다
볼 수 있다.

쇠부엉이 *Asio flammeus*

몸집이 작다고 '쇠부엉이'다. 하지만 솔부엉이나 소쩍새보다는 크다. 들이나 풀밭에서 혼자 산다. 낮에는 쉬고 밤에 낮게 날아다니면서 먹이를 찾는다. 폭이 좁고 긴 날개를 천천히 저으며 소리 없이 난다. 쥐나 새가 움직이는 소리를 듣고 조용히 날아가 먹이에 닿기 직전에 발로 걷어차서 순식간에 죽인다. 잡은 먹이는 부리로 물고 옮겨서 통째로 삼킨다. 소화하지 못한 뼈나 털은 펠릿으로 게워 낸다. 가을에 우리나라를 찾아와 겨울을 난다. 지금은 수가 많이 줄었다.

쏙독새는 커다란 입을 벌리고
날아다니며 곤충을 잡아먹는다.

몸길이 29cm
짝짓기 5~8월
알 2개
둥지 숲 속 풀밭, 낙엽 더미, 바위틈
구분 여름 철새

쏙독새 외쏙도기^북, 소몰이새, 귀신새 *Caprimulgus indicus*

해거름에 '쏙쏙쏙쏙……'하고 잇달아 운다고 '쏙독새'다. 낮은 산이나
마을 둘레 풀숲에서 혼자 산다. 낮에는 나뭇가지 위나 가랑잎 더미에서
쉰다. 보호색을 띠고 있어서 가까이 가도 알아보기 어렵다. 밤에 입을
크게 벌리고 다니면서 곤충을 잡아먹는다. 겉으로 보이는 부리는 작지
만 입을 벌리면 아주 크다. 입 둘레에 빳빳한 털이 나 있어서 곤충이 잘
걸려든다. 10cm가 넘는 곤충도 한번에 삼킨다. 가을에 동남아시아로
날아가서 겨울을 난다. 동남아시아에서는 한 해 내내 산다.

몸길이 30cm
짝짓기 5~7월
알 5개
둥지 나무 구멍, 빈 둥지
구분 여름 철새

파랑새 태극새 *Eurystomus orientalis*

파랑새는 숲 속이나 논밭 둘레에서 산다. 나무 꼭대기나 전봇대에 앉아서 둘레를 살피거나 천천히 날면서 먹이를 찾는다. 날아다니는 나방이나 매미, 잠자리, 딱정벌레 같은 곤충이 보이면 쫓아가서 잡은 뒤 높은 곳에 자리를 잡고 먹는다. 짝짓기를 한 뒤에는 둥지를 안 짓고 오래된 나무 구멍이나 다른 새가 쓰던 둥지를 쓴다. 가끔 알을 품거나 새끼를 친 딱따구리나 까치 둥지에 들어가 주인을 쫓아내고 둥지를 차지하기도 한다. 가을에 동남아시아로 떠나서 겨울을 난다.

몸길이 28cm
짝짓기 6~7월
알 6개
둥지 나무 구멍, 흙 벼랑
구분 여름 철새

호반새 비새 *Halcyon coromanda*

호반은 호숫가를 뜻하는 말로 호수나 저수지에 살아서 '호반새'라는 이름이 붙었다. 나무가 우거져서 볕이 잘 안 드는 호숫가나 산속 골짜기에서 산다. 물가 가까운 나뭇가지에 앉아 내려다보면서 먹이를 찾는다. 물고기, 가재, 개구리, 게, 새우가 보이면 재빨리 내려가 부리로 낚아챈다. 곤충도 잘 먹는다. 먹이를 잡으면 나뭇가지에 쳐서 기절시킨 뒤 먹는다. 새끼를 치고 나면 동남아시아로 날아가 겨울을 나고 이듬해 5월쯤 다시 온다. 요즘은 골짜기가 더러워져서 보기 힘들다.

몸길이 28cm
짝짓기 5~7월
알 4~6개
둥지 나무 구멍, 흙 벼랑
구분 여름 철새
천연기념물 | 멸종위기 2급

청호반새 *Halcyon pileata*

몸빛이 파랗다고 '청호반새'다. 호수나 산속 골짜기에서 혼자 살거나 암수 한 쌍이 함께 산다. 높은 나뭇가지에 앉아 있거나 가만히 날며 먹이를 찾다가 재빨리 내려가 부리로 잡는다. 잡은 먹이를 높은 곳으로 옮겨서 딱딱한 돌이나 나무에 부딪쳐 기절시킨 뒤 먹는다. 쥐나 뱀, 물고기, 개구리, 새우를 먹고 날아다니는 곤충도 먹는다. 바닷가 갯벌에서는 게를 잡아 다리는 떼어 내고 몸통만 먹는다. 날 때 보면 날개 위쪽에 있는 하얀 반점이 보인다. 가을에 동남아시아로 날아가 겨울을 난다.

물가 흙 벼랑에 길고 둥근 구멍을
뚫어 둥지를 만들고 새끼에게
물고기를 잡아다 먹인다.

몸길이 15cm
짝짓기 5~6월
알 5~7개
둥지 물가 흙 벼랑
구분 여름 철새

물총새 물촉새^북 *Alcedo athis*

물가 나뭇가지에 앉아 있다가 먹잇감을 보면 총알처럼 재빠르게 내리꽂
으면서 물고기를 잡는다고 '물총새'다. 물이 맑은 강가나 냇가에서 혼
자 살거나 암수가 함께 산다. 물가 둘레 나뭇가지에 앉아 물속을 살피
며 먹이를 찾는다. 먹이가 보이면 물속으로 빠르게 내리꽂으며 잡는다.
게나 가재처럼 딱딱한 먹이도 잘 먹고 소화가 안 된 것은 펠릿으로 게워
낸다. 둥지는 물고기 뼈와 펠릿, 새끼 배설물이 쌓여 고약한 냄새가 난
다. 천적이 가까이 못 오게 하려고 일부러 안 치운다.

놀랐을 때나 둘레를 살필 때는
머리깃을 부채처럼 활짝 펼친다.

몸길이 28cm
짝짓기 3~4월
알 5~6개
둥지 딱따구리 둥지, 흙더미, 돌벽 틈
구분 여름 철새

후투티 오디새, 인디언추장새 *Upupa epops*

후투티는 순우리말 이름이다. 논밭이나 풀밭에 혼자 살거나 암수가 같이 산다. 길고 아래로 굽은 부리로 거름 더미와 가랑잎을 헤집고 땅을 파면서 먹이를 찾는다. 온갖 곤충과 애벌레, 지네, 지렁이를 잡아먹는다. 부리 끝에 예민한 신경이 퍼져 있어서 땅속에 있는 먹이도 잘 찾는다. 날 때는 머리깃과 날개, 꼬리깃을 활짝 펴고 물결치듯이 난다. 둥지에서는 게워 낸 펠릿이나 똥을 안 치워서 고약한 냄새가 난다. 가을에 중국 남부나 동남아시아로 가서 겨울을 난다.

몸길이 15cm
짝짓기 5~6월
알 5~7개
둥지 나무 구멍
구분 텃새

쇠딱따구리 작은딱따구리^북 *Dendrocopos kizuki*

쇠딱따구리는 우리나라에서 볼 수 있는 딱따구리 가운데 몸집이 가장 작다. 숲에서 혼자 살거나 암수가 같이 살면서 이른 아침부터 먹이를 찾아다닌다. 단단한 꼬리깃으로 몸을 받치고 나무에 매달리거나 나무줄기를 빙빙 돌면서 기어오른다. 부리로 나무줄기를 쪼아 구멍을 뚫고 속에 숨어 있는 애벌레나 개미를 잡아먹는다. 곤충과 거미, 나무 열매도 먹는다. 먹이를 찾거나 날아다니면서 '끄-액'하고 낮은 소리를 낸다. 딱따구리 무리 가운데 오색딱따구리 다음으로 흔하다.

큰오색딱따구리
Dendrocopos leucotos
오색딱따구리보다 몸집이 더 크고
가슴과 옆구리에 까만 줄무늬가 있다.
수가 아주 적다.

몸길이 23cm
짝짓기 5~7월
알 5~7개
둥지 썩은 나무줄기
구분 텃새

오색딱따구리 알락딱따구리^북 *Dendrocopos major*

오색딱따구리는 딱따구리 가운데 가장 흔히 볼 수 있는 새다. 까만색,
빨간색, 하얀색 깃털이 섞여 있다. 숲에 혼자 살거나 암수가 함께 산다.
새끼를 치면 가족끼리 무리를 짓는다. 낮에는 먹이를 찾고 밤에는 나무
구멍에서 잠을 잔다. 단단한 부리로 나무줄기를 여기저기 두드려 보고
속이 빈 것 같으면 여러 번 쳐서 구멍을 뚫는다. 끝이 갈고리처럼 생긴
긴 혀를 내밀어 구멍에 넣고 곤충과 애벌레를 꺼내 먹는다. 거미나 나무
열매도 먹는다. 날 때는 물결치듯이 난다.

몸길이 40cm
짝짓기 4~6월
알 4개
둥지 나무 구멍
구분 텃새
천연기념물 | 멸종위기 1급

크낙새 클락새^북 골락새 *Dryocopus javensis*

'클락 클락'하고 울어서 '크낙새'다. 울창한 숲에서 살고 이른 아침과 저녁에 움직인다. 나뭇가지에는 잘 앉지 않는다. 줄기를 나선형으로 빙 빙 돌면서 부리로 쪼아 구멍을 내고 속에 있는 곤충, 개미 알, 애벌레를 잡아먹는다. 가끔 나무 열매도 먹는다. 아침 일찍부터 부리로 나무를 두 드리면서 자기 사는 곳을 알리며 텃세를 부린다. 4~6월에 크고 오래된 나무에 구멍을 뚫고 둥지를 만든다. 1970년대까지 경기도 광릉에 살면 서 새끼를 쳤다는 기록이 있지만 1980년대부터는 보이지 않는다.

몸길이 30cm
짝짓기 4~6월
알 4~9개
둥지 나무 구멍
구분 텃새

청딱따구리 풀색딱따구리[북] *Picus canus*

몸이 풀빛을 띤다고 '청딱따구리'라는 이름이 붙었다. 산속이나 공원에서 혼자 산다. 나무줄기와 나란히 매달려 있거나 빙빙 돌면서 올라간다. 다른 딱따구리와 달리 전봇대나 전깃줄에도 앉고 땅 위로 내려와 통통 뛰어다니면서 먹이를 찾는다. 긴 혀로 풀 속을 쑤시면서 곤충을 잡아먹는다. 혀끝이 화살촉처럼 뾰족해서 깊숙이 숨어 있는 애벌레나 개미도 잘 잡는다. 새끼를 친 뒤 낮은 산기슭이나 늪으로 옮겨서 산다. 갈수록 수가 줄고 있다.

먹이를 찾을 때는 꼬리깃을
부채처럼 활짝 펴고 날갯짓을
하면서 제자리 난다.

몸길이 수컷 33cm, 암컷 38cm
짝짓기 여름
알 4~5개
둥지 다른 새 둥지, 바위틈, 건물 틈
구분 텃새
천연기념물

황조롱이 조롱이^북, 바람개비새, 바람매 *Falco tinnunculus*

몸이 누렇다고 '황조롱이'다. 산이나 시골 마을, 도시 어디서나 혼자 살
거나 암수가 함께 산다. 높은 나뭇가지나 전봇대, 건물 위에 자주 앉는
다. 하늘을 낮게 날거나 제자리에 멈춰 날면서 땅 위를 살펴 먹이를 찾
는다. 눈이 밝아서 자외선까지도 볼 수 있다. 먹잇감을 찾으면 날개를 반
쯤 접고 쏜살같이 내리꽂아 날카로운 발톱으로 먹이를 움켜쥔다. 곤충,
쥐, 두더지, 개구리처럼 작은 동물을 먹고 작은 새도 잡아먹는다. 소화
가 안 된 뼈나 털은 펠릿으로 게워 낸다.

날 때는 가슴과 배, 날개와
꼬리 아래쪽 줄무늬가 뚜렷하게
보인다.

몸길이 수컷 42cm, 암컷 48cm
짝짓기 5~6월
알 4개
둥지 바닷가 벼랑
구분 텃새
천연기념물 | 멸종위기 2급

매 꿩매^북, 송골매, 해동청 *Falco pergrinus*

매는 흔히 '송골매'라고도 한다. 낮은 산 둘레나 들판에서 혼자 산다.
높은 곳에 앉아 있다가 날 때는 날개를 빠르게 치면서 곧장 난다. 새 가
운데 가장 빠르다. 눈도 아주 밝아서 1,500m 위에서도 땅 위에 있는 것
을 뚜렷하게 알아본다. 먹이를 보면 하늘로 높이 날아올랐다가 빠르게
내리꽂으면서 낚아챈다. 오리, 도요새, 꿩을 잡아서 부리로 목뼈를 꺾어
죽인 뒤 땅 위에 놓고 뜯어 먹는다. 소화되지 않는 뼈와 깃털은 펠릿으
로 게워 낸다. 요즘은 수가 계속 줄고 있다.

둥지는 천적 눈에 띄지 않게
우거진 넓은잎나무 가지 아래로
매달아서 짓는다.

몸길이 25cm
짝짓기 5~7월
알 3~5개
둥지 높은 나뭇가지
구분 여름 철새

꾀꼬리 황조 *Oriolus chinensis*

'꾀꼴 꾀꼴' 울어서 이름이 '꾀꼬리'다. 낮은 산이나 숲 속에서 혼자 살거나 암수가 함께 산다. 넓은잎나무 가지에 숨어 지낸다. 물 목욕을 좋아해서 때때로 물속에 들어가 몸을 씻는다. 개미집 위에 날개를 반쯤 펴고 앉아서 개미로 온몸을 문지르기도 한다. 그러면 개미산이 깃털 속에 있는 기생충을 없앤다. 높은 나뭇가지를 여기저기 옮겨 다니며 곤충이나 나무 열매를 먹는다. 짝짓기 철에는 수컷이 울음소리로 암컷을 부른다. 겨울에 따뜻한 나라로 갔다가 이듬해 5월에 다시 온다.

도토리를 나무 틈에 숨겼다가
겨울에 찾아 먹는다.

몸길이 34cm
짝짓기 4~6월
알 4~8개
둥지 바늘잎나무 가지
구분 텃새

어치 깨까치^북 산까치 *Garrulus glandarius*

어치는 산에 사는데 까치와 닮아서 '산까치'라고도 한다. 나무가 우거
진 숲에서 열 마리쯤 작은 무리를 지어 산다. 도토리를 좋아해서 참나
무 둘레에 많다. 봄부터 여름까지는 깊은 산속에서 새끼를 치고 겨울이
다가오면 산기슭으로 내려온다. 나무 사이를 물결치듯이 날면서 나뭇
잎을 이리저리 뒤지며 먹이를 찾는다. 봄여름에는 작은 새 알이나 새끼,
곤충을 잡아먹는다. 가을에는 솔씨나 도토리를 나무 구멍이나 땅에 구
멍을 파서 모아 두었다가 겨울에 찾아 먹는다.

높은 나무나 전봇대 위에
둥지를 짓는다. 해마다 고쳐
써서 갈수록 커진다.

몸길이 45cm
짝짓기 2~5월
알 2~7개
둥지 높은 나무, 전봇대 위
구분 텃새

까치 *Pica pica*

'카치카치', '카각카각' 하는 소리를 내서 '까치'다. 옛날부터 까치가 울면 반가운 손님이 온다고 사람들이 좋아했다. 1964년에 우리나라 나라 새로 정했다. 우리 땅 어디서나 볼 수 있다. 낮에 날아다니고 밤에는 숲속에서 잠을 잔다. 쥐, 개구리, 곤충을 잡아먹고 낟알, 나무 열매, 음식물 찌꺼기까지 안 가리고 다 먹는다. 늦가을이면 먹이를 돌 틈이나 나무 구멍에 숨겨 두었다가 겨울에 꺼내 먹는다. 둥지는 한번 만들면 해마다 고쳐 써서 점점 커진다.

몸길이 50cm
짝짓기 3~6월
알 3~5개
둥지 나무 위, 벼랑
구분 텃새

큰부리까마귀 *Corvus macrohynchos*
까마귀보다 부리가 더 크고 두툼하며
부리가 시작되는 앞머리가 더 가파르다.

까마귀 *Corvus corone*

온몸이 까맣다고 '까마귀'다. 네 살 아이 정도 지능을 가진 똑똑한 새
다. 둥지에 들어갈 때는 천적이 따라올까 봐 다른 곳을 빙빙 돌다 들어
가고, 호두처럼 딱딱한 열매는 바닥에 떨어뜨리거나 찻길에 두었다가 껍
데기가 깨지면 알맹이만 빼 먹는다. 산이나 마을 둘레에 산다. 여름에는
암수끼리 살다가 겨울에 무리를 짓는다. 곤충이나 작은 새, 새알, 쥐, 죽
은 동물, 곡식, 나무 열매를 안 가리고 다 먹는다. 또 오래 두어도 썩지
않는 먹이는 숨겼다가 겨울에 찾아 먹는다.

황여새 *Bombycilla garrulus*
홍여새보다 몸집이 조금 더 크고
꼬리 끝이 노랗다. 날개에 하얀
반점이 있다.

몸길이 18cm
짝짓기 여름, 시베리아, 중국 북부
알 5개
둥지 바늘잎나무 위
구분 겨울 철새

홍여새 붉은꼬리여새[북] *Bombycilla japonica*

여새 무리 가운데 꼬리 끝과 날개에 붉은 깃이 돋보여서 '홍여새'라고
한다. 낮은 산이나 시골 마을 둘레에서 산다. 열 마리 안팎으로 모여 다
니는데 황여새 무리와 섞이는 때가 많다. 나무 열매를 좋아하고 곤충도
잡아먹는다. 나무 꼭대기에서 가지를 타고 아래쪽으로 걸어 내려온다.
땅 위에 내려와 뛰어다니다가 물을 먹거나 물 목욕을 할 때도 있다. 무
리 가운데 한 마리가 날아오르면 다른 새들이 뒤따라 난다. 가을에 우
리나라로 와서 겨울을 난다. 예전보다 수가 많이 줄어들고 있다.

몸길이 10cm
짝짓기 5~7월
알 5~8개
둥지 빈 둥지, 나무 구멍, 나무줄기 틈
구분 텃새

진박새 깨새^북 *Periparus ater*

진박새는 머리와 가슴이 두드러지게 새까맣다. 박새 무리 가운데 몸집
이 가장 작다. 숲 속이나 논밭에서 살다가 겨울에는 마을 둘레로 내려
온다. 다른 박새 무리와 섞여 다니고 짝짓기 때만 암수가 함께 다닌다.
나무를 잘 타고 거꾸로 매달리기도 한다. 나무줄기와 가지를 샅샅이 훑
으면서 속에 숨은 곤충과 알, 애벌레를 잡아먹고 나무 열매나 씨앗도 먹
는다. 봄에는 단풍나무에 구멍을 뚫어 물을 받아 먹고, 가을에 먹이를
숨겨 두었다가 겨울에 찾아 먹기도 한다.

발가락을 사람 손처럼 써서
열매를 잡고 부리로 잘게
부수어 먹는다.

몸길이 14cm
짝짓기 3~4월
알 5~8개
둥지 나무 구멍, 바위틈
구분 텃새

곤줄박이 곤줄매기 *Sittiparus varius*

곤줄박이는 숲이나 들에서 산다. 봄에는 암수가 같이 지내고 새끼를 치
고 나면 열 마리 안팎으로 무리를 짓는다. 발가락 힘이 세서 나뭇가지를
잡고 잘 매달린다. 딱따구리처럼 나뭇가지나 줄기를 부리로 톡톡 쳐서
먹이를 찾는다. 곤충과 애벌레, 거미를 잡아먹고 솔씨나 나무 열매도 먹
는다. 가을에 먹이를 숨겼다가 겨울에 먹거나 이듬해 새끼가 태어났을
때 찾아 먹는다. 사람을 안 무서워해서 손바닥에 잣이나 들깨 따위를 올
려놓고 있으면 날아와서 먹는다.

몸길이 12cm
짝짓기 4~5월
알 6개
둥지 딱따구리 둥지, 나무 구멍
구분 텃새

쇠박새 *Poecile palustris*

박새보다 몸집이 작고 '쇠박새'다. 숲이나 마을 둘레에서 산다. 여름에는 혼자 살거나 암수가 함께 살고 겨울에는 열 마리 안팎으로 무리를 짓는다. 나무 꼭대기에서 지내며 딱정벌레, 매미 같은 곤충과 애벌레, 거미를 잡아먹는다. 가을에는 나무 열매나 풀씨를 먹는다. 나뭇가지 위에서 두 다리 사이에 먹이를 끼우거나 발가락으로 단단히 잡은 채 쪼아 먹는다. 도토리나 풀씨를 모아 나무옹이나 뿌리 틈에 숨겼다가 겨울에 찾아 먹기도 한다.

몸길이 14cm
짝짓기 4~7월
알 6~14개
둥지 나무 구멍, 바위틈
구분 텃새

암컷

박새 비죽새 *Parus major*

박새는 어디서나 보는 흔한 새다. 산속에서 살고 겨울에는 도시 공원이나 아파트까지 내려온다. 여름에는 암수가 함께 다니고 새끼를 친 뒤 다른 박새들과 무리를 짓는다. 위험할 때는 '피피피, 피피피'하는 소리를 내서 둘레에 있는 새들을 불러 모은다. 나무 위에서 옮겨 다니는 때가 많지만 땅 위로 내려와 깡충깡충 뛰면서 먹이를 찾고 물을 마시기도 한다. 여름에는 나무껍질 틈이나 나뭇잎을 뒤져서 애벌레, 곤충, 곤충 알, 거미를 잡아먹고 겨울에는 솔씨나 나무 열매를 찾아 먹는다.

몸길이 18cm
짝짓기 4월부터
알 3~6개
둥지 강가 풀밭, 보리밭
구분 텃새

종다리 종달새, 노고지리 *Alauda arvensis*

종알종알 지저귄다고 '종다리'라는 이름이 붙었다. '종달새'나 '노고지리'라고도 한다. 봄여름에는 암수가 함께 살고 짝짓기가 끝나면 수십 마리씩 무리를 짓는다. 넓게 트인 풀밭이나 보리밭에 산다. 나무에는 잘 앉지 않고 날아다니거나 땅 위에서 걸어 다닌다. 배를 땅에 붙이고 쉬거나 모래 목욕을 하고 잠도 땅 위에서 잔다. 풀밭과 보리밭 위를 날거나 걸어 다니면서 딱정벌레, 벌, 매미, 메뚜기 같은 곤충과 애벌레를 먹는다. 겨울에는 풀씨를 주워 먹는다.

몸길이 17cm
짝짓기 3~4월
알 5개
둥지 오목한 땅
구분 텃새
멸종위기 2급

뿔종다리 *Galerida cristata*

머리 위에 뿔처럼 뾰족하게 솟은 깃이 있어서 '뿔종다리'다. 작은 무리
를 지어 풀밭이나 낮은 언덕을 날아다닌다. 자갈이 많고 메마른 땅을 좋
아한다. 여름에는 곤충과 애벌레, 거미를 잡아먹으면서 짝짓기를 준비
한다. 겨울에는 논밭에서 풀씨나 낟알을 주워 먹는다. 봄부터 여름까지
두 번쯤 새끼를 친다. 둥지는 해마다 같은 곳에 짓는다. 암컷이 알을 품
고 새끼를 치는 동안 수컷은 둘레에서 둥지를 지킨다. 예전에는 온 나라
들판과 풀밭에서 새끼를 치고 살았는데 요즘은 보기 힘들다.

검은이마직박구리
Pycnonotus sinensis
직박구리보다 몸집이 훨씬 작고
몸 빛깔도 다르다. 이마에 까만 무늬가
뚜렷하다.

몸길이 27cm
짝짓기 5~6월
알 5개
둥지 나뭇가지
구분 텃새

직박구리 찍박구리^북 *Hypsipetes amaurotis*

'찌빠 찌빠'하고 소리를 내서 '직박구리'다. 시골 마을이나 숲에 많이
살고 도시에서도 산다. 여름에는 암수가 함께 다니며 새끼를 친 뒤 겨울
에는 가족끼리 산다. 나무 위에서 지내는 때가 많다. 나무 사이를 날아
다니며 날카로운 소리로 우는데 한 마리가 울면 다른 새도 모여들어 같
이 운다. 새끼를 키우는 동안에는 울지 않는다. 여름에는 하늘을 날면
서 날아다니는 곤충을 입으로 낚아채서 먹는다. 겨울에는 나무 열매나
동백꽃 꿀을 먹고 감나무에 남겨둔 까치밥을 쪼아 먹기도 한다.

몸길이 18cm
짝짓기 4~7월, 8월
알 4~6개
둥지 건물 틈, 처마 밑, 다리 밑
구분 여름 철새

제비 *Hirundo rustica*

제비는 사람 사는 집 처마에 둥지를 짓는다. 시골 마을 둘레에 살고 도시에서도 나방이 모여드는 밝은 곳에 잘 나타난다. 봄여름에는 암수가 함께 다니고, 새끼를 친 뒤 수십 마리씩 무리를 짓는다. 다리가 짧아서 땅에서는 잘 못 걷고 전깃줄이나 빨랫줄, 나뭇가지 위에 잘 앉는다. 아주 빨리 날고 움직임도 빨라서 제멋대로 방향을 바꾸며 난다. 입을 벌린 채 날아다니면서 나방이나 파리, 벌, 잠자리 같은 곤충을 잡아먹는다. 새끼를 친 뒤 동남아시아나 호주로 가서 겨울을 난다.

몸길이 19cm
짝짓기 5~7월
알 5개
둥지 건물 틈
구분 여름 철새

귀제비 둥지는 병을 뉘어 놓은
것처럼 구멍이 작고 옆으로 길다.

귀제비 붉은허리제비^북, 맥맥이, 맥매구리 *Cecropis daurica*

귀제비는 '맥 매액'하고 운다고 '맥맥이'라고도 한다. 시골 마을 둘레
에 사는데 봄여름에는 혼자 또는 암수가 함께 다니고 짝짓기가 끝나면
가족끼리 다닌다. 제비처럼 다리가 짧아 땅 위를 잘 못 걷는다. 높은 전
봇줄이나 나뭇가지에 앉아 쉬고, 하늘을 날면서 딱정벌레나 매미, 파리
같은 곤충을 잡아먹는다. 날 때는 날갯짓을 자주 하지 않고 미끄러지듯
날며 갈라진 꼬리깃을 하나로 모은다. 해마다 같은 곳을 찾아가 두 번씩
새끼를 친다. 요즘에는 수가 크게 줄었다.

몸길이 수컷 16cm, 암컷 13cm
짝짓기 5~8월
알 4~6개
둥지 나뭇가지
구분 여름 철새

휘파람새 피죽새, 고비용새 *Horornis diphone*

휘파람 같은 소리를 낸다고 '휘파람새'다. 논밭이나 딸기나무가 많은 숲에서 혼자 살거나 암수가 함께 산다. 땅으로는 잘 안 내려오고 풀숲에 들어가 몸을 숨기고 지낸다. 곤충과 애벌레, 거미를 먹고 겨울에는 씨앗을 먹는다. 나무 위에 앉아서 보는 방향만 자꾸 바꾸거나 몸을 양 옆으로 힘차게 흔든다. 봄에 우리나라에 오자마자 큰 소리를 내면서 자기 세력권을 알린다. 가을에 중국, 일본 남부, 동남아시아로 떠나서 겨울을 나고 이듬해 4월에 다시 온다.

노랑눈썹솔새
Phylloscopus inornatus
산솔새보다 몸집이 작고 눈썹줄이
노랗다. 날개에 하얀 띠가 두 줄 있다.
나그네새다.

몸길이 13cm
짝짓기 4~6월
알 5개
둥지 숲 속 땅 위, 벼랑
구분 여름 철새

산솔새 *Phylloscopus coronatus*

산솔새는 산에 사는 솔새 무리 가운데 가장 흔하다. 높은 산 중턱 숲에
혼자 살거나 암수가 함께 산다. 기울어진 나뭇가지에 앉아도 제 몸은 늘
수평을 잡는다. 땅 위로 내려오는 일은 거의 없다. 나무 위에서 나뭇잎
을 뒤지거나 부지런히 날아다니면서 먹이를 찾는다. 곤충과 애벌레, 거
미를 잡아먹는다. 날갯짓이 아주 재빠르지만 높이 날거나 한 번에 오랫
동안 나는 일은 드물다. 새끼를 친 뒤 동남아시아로 떠나서 겨울을 나고
이듬해 봄에 다시 찾아온다.

우거진 갈대밭 줄기 사이에 둥지를
짓는다. 장마에 떠내려가지 않게 물낯
위 1~1.5m 높이에 짓는다.

몸길이 18cm
짝짓기 5월
알 4~6개
둥지 물 위
구분 여름 철새

개개비 갈새^북 *Acrocephalus orientalis*

짝짓기 무렵 수컷이 '개개비비 개개비비'하고 소리를 내서 '개개비'다. 갈
대밭이나 강가 덤불 속에서 산다. 땅에는 잘 안 내려오고 덤불 사이를
옮겨 다니며 지낸다. 숲이나 논밭, 수풀 사이를 돌아다니면서 곤충이나
거미, 고둥, 우렁이, 개구리를 잡아먹는다. 날 때는 날개를 부드럽게 저
으면서 갈대 위를 스치듯이 날아다닌다. 높이 나는 일이 거의 없어서 눈
에 잘 안 띈다. 10월 중순 동남아시아로 떠나서 겨울을 나고 이듬해 오
월에 다시 온다.

흰머리오목눈이
Aegithalos caudatus caudatus
눈썹줄 없이 머리가 하얗다.
오목눈이보다 수가 적은 겨울 철새다.

몸길이 14cm
짝짓기 4~6월
알 7~10개
둥지 나뭇가지
구분 텃새

오목눈이 *Aegithalos caudatus*

작고 동그란 눈이 오목하게 들어간 것처럼 보여서 '오목눈이'다. 마을 둘레 낮은 산이나 울창한 숲에 산다. 여름에는 암수가 함께 다니고 겨울에는 다른 새들과 작은 무리를 짓는다. 박새 무리와 함께 있을 때가 많다. 나뭇가지에 자주 앉아 있고 나무 위쪽으로만 옮겨 다닌다. 여름에는 곤충이나 곤충 알, 거미를 잡아먹고, 겨울에는 나무 열매와 씨앗을 먹는다. '찌, 찌, 찌', '찌리, 찌리'하고 우는데 쥐가 내는 소리 같다.

뻐꾸기가 제 둥지에 알을 낳으면
새끼 몸집이 자기보다 훨씬
커져도 자기 새끼인 줄 알고
열심히 먹이를 잡아다 먹인다.

몸길이 13cm
짝짓기 5~6월
알 3~6개
둥지 덤불 사이
구분 텃새

붉은머리오목눈이 부비새^북, 뱁새 *Sinosuthora webbiana*

오목눈이 가운데 머리 색이 붉은빛을 띠어서 '붉은머리오목눈이'다.
"뱁새가 황새 따라가다 가랑이 찢어진다."라는 속담에 나오는 뱁새가 이
새다. 참새보다 흔하지만 하도 작아서 눈에 잘 안 띈다. 산기슭이나 물가
갈대밭에 산다. 짝짓기 때는 암수가 함께 다니고 새끼를 치고 나면 수십
마리씩 무리 지어 다니면서 소란스럽게 지저귄다. 재빨리 움직이고 긴
꼬리를 쓸듯이 양옆으로 흔드는 버릇이 있다. 여름에는 곤충을 잡아먹
고 겨울에는 낮은 산에서 갈대씨 같은 풀씨를 찾아 먹는다.

동백꽃 꿀을 빨고 있는
동박새

몸길이 12cm
짝짓기 5~6월
알 4개
둥지 동백나무
구분 텃새

동박새 남동박새^북 *Zosterops japonicus*

동백꽃 꿀을 빨아 먹고 살아서 '동박새'라는 이름이 붙었다. 동백나무
가 많은 숲에 산다. 몸이 푸른빛이어서 사철 푸른 동백나무 숲에 있으면
천적들 눈을 피할 수 있다. 짝짓기 무렵에는 혼자 살거나 암수가 함께
살고 새끼를 치면 여럿이 무리 지어 다닌다. 천적이 다가오면 한꺼번에
시끄러운 소리를 낸다. 혀끝이 두 갈래로 길게 갈라져서 과일즙이나 꽃
꿀을 잘 빤다. 나무 열매를 먹을 때는 부리로 열매에 구멍을 내고 혀를
넣어 빨아 먹는다. 고충이나 거미도 잡아먹는다.

머리 꼭대기는 노랗고 양옆으로
까만 세로줄 무늬가 있다.

몸길이 10cm
짝짓기 4~7월, 러시아
알 5~8개
둥지 나뭇가지
구분 겨울 철새

상모솔새 상모박새^북 *Regulus regulus*

머리 꼭대기에 있는 노란 깃털이 풍물놀이 할 때 쓰는 털상모 같다고
'상모솔새'다. 우리나라에 사는 새 가운데 몸집이 가장 작은 편이다. 늦
가을에 우리나라에 와서 겨울을 난다. 수는 많지 않지만 해마다 찾아
온다. 전나무나 소나무 같은 바늘잎나무가 있는 숲이나 낮은 산에서 볼
수 있다. 겨울밤에는 가랑잎 밑이나 덤불 속에서 잠을 잔다. 봄여름에
'찌리리, 찌이, 찌이'하고 쇳소리 같은 소리로 우는데 우리나라에서는
겨울을 나기 때문에 듣기 힘들다.

몸길이 10cm
짝짓기 5~6월
알 4~6개
둥지 나무뿌리 틈, 바위틈
구분 텃새

굴뚝새 쥐새^북 *Troglodytes troglodytes*

겨울에 사람이 사는 집 굴뚝 속을 들락날락한다고 '굴뚝새'다. 따뜻한 굴뚝 속에서 겨울을 나는 곤충을 잡아먹으려고 들어온다. 마을 둘레나 개울가, 골짜기 둘레에 산다. 짧은 꼬리를 위로 바짝 치켜세운다. 울음소리를 낼 때는 아예 꼬리가 등과 맞닿도록 한껏 몸을 젖힌다. 몸집은 작지만 '짹짹'하고 우는 소리가 꽤 크다. 나뭇가지를 이리저리 옮겨 다니면서 곤충, 곤충 알, 애벌레를 잡아먹는다. 가끔 물속에 들어가 돌을 뒤집어 강도래나 날도래 애벌레 같은 벌레를 찾아 먹기도 한다.

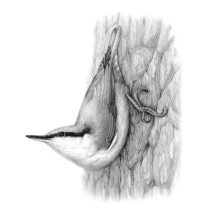

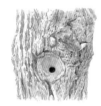

몸집보다 둥지 구멍이
크면 진흙을 덧붙여 작게
줄인다.

몸길이 13cm
짝짓기 3~7월
알 7개
둥지 나무 구멍
구분 텃새

동고비 *Sitta europaea*

동고비는 깊은 산속이나 공원에 산다. 여름에는 혼자 살거나 암수가 함께 살고 새끼를 치고 나면 박새나 딱따구리와 섞여 지낸다. 나무 위에서 지내고 땅으로는 잘 안 내려온다. 발가락 힘이 세서 나무줄기를 마음대로 오르내린다. 여름에는 날카로운 부리로 나무껍질을 쪼아 속에 있는 애벌레를 찾아 먹고 곤충이나 거미를 잡아먹는다. 겨울에는 곤충 알이나 솔씨, 나무 열매를 먹는다. 짝짓기 철에는 수컷이 높은 나뭇가지에 앉아 '삐잇 삐잇', '삐삐삐삐'하고 울면서 암컷을 찾는다.

흰점찌르레기 *Sturnus vulgaris*
찌르레기보다 조금 작다. 온몸이
거무스름한 풀빛이고 하얀 반점이 있다.
짝짓기 철에는 몸이 푸른 자줏빛을
띠고 부리가 노랗게 바뀐다.

몸길이 24cm
짝짓기 4~5월
알 4~9개
둥지 나무 구멍, 바위틈
구분 여름 철새

찌르레기 *Spodiopsar cineraceus*

'찌르 찌르 찌르륫'하고 소리를 내서 '찌르레기'다. 논밭이나 산기슭에서 여름에는 암수끼리 살고 겨울에는 무리 지어 산다. 낮에는 큰 나무 위나 대나무 숲에서 잠을 잔다. 이른 아침과 저녁에 떠들썩하게 소리를 내며 먹이를 찾아 나무 사이를 날아다니거나 땅 위를 재빨리 걸어 다닌다. 걸을 때는 머리를 앞뒤로 움직이면서 어깨를 높이 들고 다닌다. 작은 동물이나 곤충, 곡식, 나무 열매를 먹는다. 이른 봄에 우리나라에 와서 짝짓기를 하고 늦가을에 남쪽 나라로 떠난다.

어미가 지렁이를 잔뜩 잡아서
새끼들한테 고루 나누어 먹인다.

몸길이 30cm
짝짓기 5~7월
알 3~5개
둥지 나뭇가지
구분 텃새

호랑지빠귀 호랑티티, 혼새, 귀신새 *Zoothera aurea*

호랑이처럼 몸이 누런 밤색이고 까만 무늬가 얼룩덜룩 있어서 '호랑지
빠귀'다. 깊은 숲 속이나 시골 마을 나무가 많은 뒷산에 산다. 땅바닥을
걸어 다니면서 부리로 바닥에 쌓인 가랑잎을 뒤져 먹이를 찾는다. 딱정
벌레, 매미, 벌, 지네를 먹고 거미, 달팽이, 지렁이도 먹는다. 겨울에는
낟알과 나무 열매를 먹는다. 날아오를 때 '끼끼끼'하고 낮은 소리를 낸
다. 날 때 보면 날개 아래쪽에 까맣고 하얀 띠가 보인다. 예전에는 여름
철새였는데 요즘에는 날씨가 따뜻해지면서 한 해 내내 볼 수 있다.

몸길이 23cm
짝짓기 5~6월
알 4~5개
둥지 나뭇가지
구분 여름 철새

흰배지빠귀 흰배티티 *Turdus pallidus*

배가 하얗다고 '흰배지빠귀'다. 지빠귀 가운데 가장 흔하다. 짝짓기 하는 여름에는 암수가 함께 깊은 숲 속에 산다. 나뭇가지를 옮겨 다니면서 딱정벌레나 거미를 잡아먹고 땅 위로 내려가 사람처럼 양쪽 다리를 번갈아 걷거나 뛰면서 지렁이나 지네를 먹는다. 나무 열매와 식물 씨앗도 잘 먹는다. 날 때 꼬리깃을 펼치면 양쪽 끝에 있는 하얀 반점이 잘 보인다. 새끼를 친 뒤 동남아시아로 가서 겨울을 난다.

몸길이 24cm
짝짓기 5~6월, 시베리아, 중국 만주
알 5개
둥지 딸기나무 가지, 땅 위
구분 겨울 철새

노랑지빠귀 *Turdus naumanni*

몸이 노란빛을 많이 띠어서 '노랑지빠귀'다. 나무가 우거진 숲과 풀밭에서 10~20마리씩 무리 지어 산다. 우리나라에 머무는 겨울에는 산수유, 찔레, 사과나무, 붉나무, 팔배나무 열매를 많이 먹고 식물 씨앗을 먹는다. 짝짓기 하는 여름에는 곤충과 지렁이를 잡아먹으면서 살을 찌운다. 해마다 10~11월에 우리나라에 찾아와 겨울을 난다. 시골에 가면 미루나무나 플라타너스 꼭대기에서 노랑지빠귀들이 떠들썩하게 우는 모습을 볼 수 있다.

몸길이 24cm
짝짓기 5~6월, 시베리아
알 5개
둥지 딸기나무 가지, 땅 위
구분 겨울 철새

개똥지빠귀 개티티^북, 티티새 *Turdus eunomus*

몸에 밤색과 까만색 깃털이 뒤섞여 꼭 개똥같다고 '개똥지빠귀'다. 시
골 마을이나 논밭, 과수원 둘레에서 열 마리 안팎으로 무리 지어 산다.
먹이를 구할 때는 나뭇가지 사이를 날아다니거나 땅 위를 걸어 다닌다.
땅 위에서는 양쪽 다리를 번갈아 움직이면서 걷는다. 씨앗이나 나무 열
매를 많이 먹는데 앵두나 배 같은 과일을 좋아한다. 여름에는 곤충이나
지렁이를 잡아먹는다. 새끼를 친 뒤 10월쯤 우리나라나 따뜻한 남쪽 나
라로 가서 겨울을 난다. 노랑지빠귀 다음으로 많이 찾아오는 새다.

암컷

몸길이 17cm
짝짓기 4~8월
알 5개
둥지 바위틈, 벼랑 구멍
구분 여름 철새

큰유리새 큰류리새[북] *Cyanoptila cyanomelana*

몸빛이 유리처럼 맑고 푸른색을 띠는 유리새 가운데 몸집이 큰 편이어
서 '큰유리새'다. 숲이나 골짜기 둘레에서 암수가 함께 살고 새끼를 치
고 나면 가족끼리 다닌다. 나뭇가지에 한번 자리 잡으면 그 둘레에서만
지내고 땅 위로는 잘 안 내려온다. 먹이를 잡을 때도 날아다니는 곤충
을 낚아채 나뭇가지로 돌아와 먹는다. 부리 안쪽이 넓고 둘레에 빳빳한
털이 있어서 곤충을 잘 잡는다. 가을에 동남아시아로 가서 겨울을 나고
이듬해 봄에 서해를 건너와 섬에 있는 숲 속에 자리 잡는다.

꼬까울새 *Erithacus rubecula*
울새와 몸집이 비슷하고 얼굴과 가슴에
주황색이 뚜렷하다. 우리나라에서는
2006년 홍도에서 처음 보았다. 가끔씩
보인다.

몸길이 14cm
짝짓기 6～7월. 중국 북부, 러시아
알 4개
둥지 썩은 나무 구멍
구분 나그네새

울새 울타리새[북] *Larvivora sibilans*

집 둘레에 쳐놓은 울타리 틈새를 자주 들락거려서 '울새'라고 한다. 깊은 숲 속이나 시골 마을 둘레에서 혼자 살거나 암수가 함께 산다. 이른 아침에 숲이나 마을 둘레를 날아다니고, 낮에는 숲 속으로 들어간다. 땅 위에 쓰러져 있는 나무 위나 덤불 사이를 걷거나 뛰면서 먹이를 찾는다. 지렁이나 곤충, 애벌레를 먹는다. 날 때는 높이 날고 땅 위에서는 재빨리 움직인다. 10월에 중국 남부와 동남아시아로 떠나 겨울을 난다. 새끼를 치러 오가는 5월과 10월에 우리나라에 들러 쉬어 간다.

암컷

몸길이 14cm
짝짓기 4~6월, 북녘 북부, 시베리아
알 3~8개
둥지 바위틈, 흙벽 구멍, 수풀 속
구분 나그네새

유리딱새 류리딱새^북 *Tarsiger cyanurus*

몸빛이 유리처럼 맑고 푸르다고 '유리딱새'다. 바늘잎나무가 많은 숲 속
이나 공원에서 혼자 살거나 암수가 함께 산다. 땅 위를 뛰어다니거나 덤
불 속을 뒤지면서 먹이를 찾는다. 여름에는 곤충과 거미를 먹고 겨울에
는 나무 열매나 풀씨를 먹는다. 날 때는 쉬지 않고 날갯짓하면서 똑바로
난다. 나뭇가지나 흙더미에 앉아 꼬리를 위아래로 흔들면서 '따륵, 따
륵' 소리를 내기도 한다. 겨울이 되면 동남아시아로 날아가 겨울을 난
다. 새끼를 치러 가는 봄가을에 우리나라에 들러 쉬어 간다.

암컷

몸길이 13cm
짝짓기 5~7월
알 5개
둥지 나무 구멍, 기와 밑
구분 여름 철새

흰눈썹황금새 흰눈섭황금새^북 *Ficedula zanthopygia*

눈 위에 있는 눈썹줄이 하얗고 가슴과 배가 황금처럼 노랗다고 '흰눈썹
황금새'다. 암컷은 온몸이 누렇고 꽁무니 위쪽이 노랗다. 숲에서 산다.
나뭇가지에 앉아 있다가 날아다니는 곤충을 입으로 낚아채서 나무 위
로 돌아가 먹는다. 부리 둘레에 빳빳한 털이 나 있어서 곤충이 잘 걸려
든다. 나뭇가지에 앉아 꼬리를 위아래로 흔들며 '따륵 따륵'하고 운다.
짝짓기 철에는 수컷이 아침부터 '삐요비 삐요비'하고 소리를 내며 암컷
을 찾는다. 가을에 동남아시아로 떠나서 이듬해 4~5월에 다시 온다.

몸길이 14cm
짝짓기 4월
알 5~7개
둥지 바위틈, 건물틈
구분 텃새

암컷

딱새 무당새 *Phoenicurus auroreus*

딱새는 천적이 다가가면 입으로 '딱 따닥 딱'하는 소리를 낸다. 수컷은 머리가 잿빛이고 가슴과 배, 꽁무니는 노랗다. 암컷은 온몸이 누렇다. 숲 속이나 마을 둘레 대나무 숲에서 혼자 살거나 암수가 함께 산다. 봄에 새끼를 치고 나면 마을이나 도시 공원에도 내려온다. 꼬리를 파르르 떠는 버릇이 있고 천적이 다가가면 부리를 부딪치면서 '딱딱딱' 소리를 낸다. 낮은 나뭇가지에 앉아서 먹이를 찾는다. 여름에는 곤충과 거미를 잡아먹고 겨울에는 나무 열매나 풀씨를 먹는다.

암컷

몸길이 25cm
짝짓기 4~6월
알 5개
둥지 벼랑, 바위틈
구분 텃새

바다직박구리 *Monticola solitarius*

수컷 어린 새와 암컷이 직박구리와 닮았고 바닷가에 많이 산다고 '바다
직박구리'다. 수컷은 온몸이 파랗고 배와 아래꼬리덮깃은 불그스름한
밤색이다. 바닷가 벼랑에서 혼자 살거나 암수가 함께 산다. 뭍으로는 잘
안 간다. 바닷가 바위를 돌아다니면서 지네, 게, 새우를 잡아먹고 곤충
과 도마뱀도 먹는다. 겨울에는 나무 열매를 먹는다. 봄부터 여름 들머리
까지 짝짓기를 한다. 새끼는 자라면서 몸 빛깔이 많이 바뀐다. 어릴 때
는 온몸에 하얀 무늬가 있고 다 자라면 없어진다.

몸길이 22cm
짝짓기 3~4월
알 5개
둥지 폭포 뒤, 물가 벼랑
구분 텃새

물까마귀 물쥐새^북 *Cinclus pallasii*

물가에 살고 몸빛이 거무스름하다고 '물까마귀'다. 개울가나 산속 바위
가 많은 골짜기에서 혼자 살거나 암수가 함께 산다. 겨울에는 물이 얼지
않는 하류로 내려간다. 낮에는 쉬고 저녁에 물속에 들어가 날개를 파닥
거리며 먹이를 찾는다. 헤엄도 잘 치고 자맥질도 잘 한다. 물고기와 물
속 곤충, 애벌레를 좋아한다. 가재나 개구리도 잡아먹는다. 날 때는 낮
고 빠르게 난다. 땅에서는 두 다리를 모은 채 통통 튀어 다닌다. 물가 바
위에 하얀 똥을 싸서 자기 땅이라고 알린다.

참새는 모래땅을 뒹굴거나 모래에
깃털을 비비면서 기생충이 안 생기게
목욕을 한다.

몸길이 14cm
짝짓기 3~8월
알 4~8개
둥지 나무 구멍, 처마 밑
구분 텃새

참새 *Passer montanus*

참새는 사람 사는 둘레에서 가장 많이 볼 수 있는 새다. 우리나라 어디
서나 볼 수 있다. 암수가 함께 살다가 새끼를 친 뒤 여름부터는 수십 마
리씩 무리를 짓는다. 돌담 구멍이나 지붕 아래에서 잠을 자고, 먹이를
찾을 때는 나무 사이를 날거나 두 다리를 모은 채 땅 위를 통통 뛰어다
닌다. 봄여름에는 곤충을 잡아먹고, 가을부터는 낟알이나 나무 열매,
풀씨를 먹는다. 곡식을 많이 먹어서 농부들이 참새를 쫓으려고 논에 허
수아비를 세운다. 한 해에 두세 번씩 새끼를 친다.

몸길이 20cm
짝짓기 5~6월
알 4~6개
둥지 바위틈, 돌담, 나무 구멍
구분 여름 철새

노랑할미새 *Motacilla cinerea*

할미새 무리 가운데 가슴과 배가 노란색을 띠어서 '노랑할미새'다. 개울이나 냇가, 골짜기 둘레에 많이 산다. 암수가 함께 다니면서 물가 바위 둘레에서 먹이를 찾는다. 곤충이나 거미를 잡아먹고 물속 곤충이나 애벌레도 먹는다. 날갯짓을 빠르게 하면서 날아올라 날개를 몸에 붙인 채 물결치듯이 난다. 오뉴월에 새끼를 친 뒤 가을에 중국 남부와 동남아시아로 떠났다가 이듬해 봄에 다시 온다. 우리나라 남부 지방에 남아서 겨울을 나기도 한다.

몸길이 20cm
짝짓기 4~6월
알 5개
둥지 돌담, 건물 틈, 나무 구멍
구분 여름 철새

알락할미새 깝죽새, 까불이새 *Motacilla alba*

몸에 까맣고 하얀색이 알락달락하다고 '알락할미새'다. 논밭이나 마을 둘레에서 산다. 암수가 함께 다니다가 새끼를 치면 가족끼리 다닌다. 낮은 높이에서 물결치듯이 날고 나뭇가지 위에 모여 잠을 잔다. 개울이나 호숫가를 걷거나 짧게 날아다니면서 먹이를 찾는다. 곤충과 애벌레, 거미를 잡아먹는다. 가을에 중국 남부나 동남아시아로 갔다가 이듬해 봄에 다시 온다. 여름 철새 가운데 가장 먼저 온다. 요즘은 수가 많이 줄어서 시골 물가나 산속에서 가끔 볼 수 있다.

짝짓기 하는 여름에는 수컷
머리부터 등까지 까맣게 바뀐다.

몸길이 16cm
짝짓기 5~6월, 러시아
알 6~7개
둥지 나뭇가지
구분 겨울 철새

되새 꽃참새^북 *Fringilla montifringilla*

대나무 숲에서 잠을 자서 '대새', 떼 지어 살아서 '떼새'라고 하던 것이
바뀌어 '되새'가 되었다고 짐작한다. 떨기나무가 많은 숲이나 골짜기 둘
레에서 산다. 짝짓기 때는 암수가 함께 다니다가 겨울에는 수십 마리씩
무리를 짓는다. 무리 지어 나뭇가지에 앉아 있다가 먹이를 찾을 때도 한
꺼번에 논밭에 내려와 걸어 다닌다. 여름에는 곤충을 잡아먹고 겨울에
는 새싹이나 땅에 떨어진 풀씨, 낟알을 먹는다. 날 때 '콧콧콧' 소리를
내며 물결치듯이 난다. 가을에 우리나라로 찾아와 겨울을 난다.

밀화부리 *Eophona migratoria*
부리가 노랗고 끝은 까맣다.
수컷은 머리와 날개, 꼬리가 까맣다.
여름 철새.

몸길이 18cm
짝짓기 5~6월. 몽골, 러시아, 중국
알 3~6개
둥지 나뭇가지
구분 겨울 철새

콩새 *Coccothraustes coccothraustes*

콩을 잘 먹어서 '콩새'다. 시골 마을 둘레에 많이 산다. 겨울에는 혼자
살거나 두세 마리씩 다니고 멀리 떠날 때는 열 마리 안팎으로 무리를 짓
는다. 나무 위에서 쉬다가 하늘을 날거나 땅 위를 걸으면서 먹이를 찾는
다. 나무 열매, 풀씨, 날알, 곤충을 먹는다. 단풍나무 열매를 유난히 좋
아한다. 먹이를 찾다가 자기보다 몸집이 큰 새를 만나도 움츠러들지 않
고 부리를 벌린 채 덤벼들기도 한다. 늦가을에 우리나라에 찾아와 겨울
을 난다. 제주도 비자나무 숲에서 자주 무리 지어 다닌다.

몸길이 15cm
짝짓기 5~7월, 몽골, 러시아
알 4~6개
둥지 나뭇가지
구분 겨울 철새

멋쟁이 산까치^북 *Pyrrhula pyrrhula*

몸에 여러 빛깔이 어울려 있고 '휘익 휘익' 휘파람처럼 우는 울음소리
가 멋지다고 '멋쟁이'라는 이름이 붙었다. 깊은 산속 골짜기 둘레나 숲
에 산다. 여름에는 암수가 함께 다니고 겨울에는 열 마리 안팎으로 무
리를 짓는다. 산꼭대기부터 기슭으로 날아 내려오면서 먹이를 찾는다.
여름에는 곤충을 잡아먹고 겨울에는 마을 둘레로 내려와서 씨앗과 나
무 열매를 먹는다. 사람이 다가가도 잘 도망가지 않는다. 새끼를 친 뒤
우리나라를 찾아와 겨울을 난다. 해마다 오는 수가 들쑥날쑥하다.

긴꼬리홍양진이 *Carpodacus sibiricus*
양진이와 닮았는데 몸집이 더 작고
꼬리가 훨씬 길다.

몸길이 17cm
짝짓기 여름, 시베리아 동부
알 5개
둥지 땅 위
구분 겨울 철새

양진이 양지니^북 *Carpodacus roseus*

양진이는 몸이 통통하고 고운 붉은빛을 띠어서 눈에 잘 띈다. 깊은 산 숲 속에 산다. 여름에는 암수끼리 지내고 겨울에 10~20마리씩 무리 지어 다닌다. 높은 나무 위에 자주 앉고 날 때는 물결치듯이 난다. 날 때 '찟 찟 찟'하고 날카로운 소리를 낼 때가 많다. 여름에는 곤충을 잡아먹고, 겨울에는 낟알. 씨앗. 나무 열매를 먹는다. 쑥씨를 좋아한다. 11월쯤 우리나라로 와서 겨울을 난다. 우리나라에서는 흔한 새지만 깊은 숲에 살아서 보기 힘들다.

몸길이 14cm
짝짓기 4~6월
알 3~5개
둥지 나뭇가지
구분 텃새

검은머리방울새 *Spinus spinus*
방울새보다 몸집이 작고 노란색을 많이
띤다. 머리와 턱, 날개는 까맣고, 몸 위쪽과
옆구리에 까만 줄무늬가 있다.

방울새 *Chloris sinica*

'또르르릉 또르르릉'하고 우는 맑은 소리가 방울 구르는 소리 같다고
'방울새'다. 낮은 산이나 논밭 둘레 나무가 많은 곳에 산다. 나뭇가지나
전봇줄에 떼 지어 앉아 있기도 하다. 여름에는 혼자 살거나 암수가 함
께 살고 새끼를 친 뒤에는 수십 수백 마리씩 몰려다닌다. 두툼하고 단
단한 부리로 솔씨나 해바라기씨, 유채씨, 들깨를 까먹고 낟알도 먹는다.
새끼를 칠 때는 곤충과 애벌레를 잡아먹는다. 우리나라에서 한 해 내내
살지만 논밭에 농약을 많이 치면서 갈수록 수가 줄고 있다.

몸길이 16cm
짝짓기 3~4월. 중국 북부, 몽골, 러시아 동부
알 3~5개
둥지 높은 나뭇가지
구분 겨울 철새

암컷

솔잣새 잣새[북] *Loxia curvirostra*

모든 새 가운데 솔잣새만 부리가 어긋나 있다. 어긋난 부리로 소나무나 잣나무 씨앗을 잘 까먹어서 '솔잣새'다. 숲에서 10~100마리씩 무리 지어 산다. 나무 사이를 날아다니면서 먹이를 찾는다. 솔씨와 잣을 먹고 새싹이나 곤충, 애벌레도 먹는다. 솔씨를 먹을 때는 솔방울을 부리로 건드려 떨어뜨린 뒤 솔방울을 물고 다시 나뭇가지 위로 올라온다. 다리 사이에 솔방울을 끼운 채 비늘을 비틀어 틈에 있는 씨앗을 쏙쏙 빼 먹는다. 겨울에 우리나라로 오는데 요즘은 수가 많이 줄었다.

몸길이 17cm
짝짓기 5~7월
알 4~6개
둥지 덤불, 바위틈
구분 텃새

멧새 *Emberiza cioides*

멧새는 산에 많이 살아서 산을 뜻하는 옛말인 '메'가 이름에 붙었다. 생김새는 참새와 닮았는데 멧새 몸집이 더 크고 꼬리도 길다. 짝짓기 무렵에는 암수가 함께 살고 새끼를 치고 나면 열 마리 남짓 무리를 짓는다. 날개를 심하게 퍼덕거리며 날고, 쉴 때는 높은 나무 꼭대기나 전봇대 꼭대기에 앉아서 '치짓 치지짓'하고 운다. 자기 영역을 정해 놓고 꼭그 자리에서 운다. 여름에는 곤충과 애벌레, 거미를 먹고, 겨울에는 풀씨나 나무 열매를 먹는다. 요즘은 수가 많이 줄었다.

노랑눈썹멧새 *Emberiza chrysophrys*
노랑턱멧새보다 몸집이 작고 머리깃이
짧다. 몸 위쪽은 빨간 밤색이고 아래쪽은
하얗다. 옆구리에 까만 세로줄 무늬가 있다.
나그네새다.

몸길이 16cm
짝짓기 5~6월
알 4~6개
둥지 덤불 사이 땅 위
구분 텃새

노랑턱멧새 *Emberiza elegans*

멧새 가운데 턱이 노랗다고 '노랑턱멧새'다. 눈 둘레와 뺨은 까맣고 눈
썹줄과 멱은 노랗다. 낮은 산이나 떨기나무가 많은 숲에 산다. 여름에는
암수가 같이 다니고 새끼를 치고 나면 작은 무리를 짓는다. 나뭇가지에
앉아 쉬는데 머리 꼭대기 깃털을 자주 치켜세워서 뾰족하게 만든다. 떨
기나무 덤불 사이를 헤집거나 논밭을 걸어 다니면서 먹이를 찾는다. 여
름에는 곤충과 애벌레를 먹고 겨울에는 풀씨와 나무 열매를 먹는다. 우
리나라 멧새 무리 가운데 가장 흔하다.

새 더 알아보기

새와 진화

새는 사람들과 아주 가까운 곳에 사는 동물이다. 온 세계 어디서나 새를 볼 수 있고 종 수만 해도 구천 종쯤 된다. 등뼈동물 가운데 수가 가장 많다.

새는 지금으로부터 일억 오천만 년쯤 전인 중생대 쥐라기 말에 처음으로 나타났다. 1861년에 독일 바이엘 지방에서 화석이 발견

시조새 상상도

되었다. 이 화석 뼈는 도마뱀과 닮았는데 날개와 깃털이 있는 이제까지 못 보던 동물이었다. 이 화석을 사람들은 새 조상으로 여긴다. 우리나라에서는 '시조새'라고 한다. 학자들은 두 발로 걷는 공룡이 오랜 세월 진화해서 새가 되었다고 본다. 시조새는 뼈 속이 차 있고 긴 꼬리뼈가 있어서 지금 새보다 몸이 더 무거웠고, 날개 근육도 크게 발달하지 않았다. 또 깃털이 붙어 있는 앞다리 뼈도 날기에 알맞지 않아서 지금 새들처럼 멀리 날아다니지는 못했을 것이라고 한다.

시조새는 오랜 세월 끊임없이 진화를 거듭해 신생대 제3기 무렵인 지금으로부터 5,400만 년 전쯤에 지금과 같은 모습을 한 새가 나타나기 시작했다고 한다. 앞다리는 온전한 날개가 되었고, 뒷다리는 작아졌다. 무거운 턱과 이빨이 사라지고 부리가 생겼다. 뼈 속이 비고, 길던 꼬리뼈가 짧아져서 몸이 가벼워졌다. 또 꼬리 깃을 움직일 수 있어서 쉽게 방향을 잡을 수 있게 되었다.

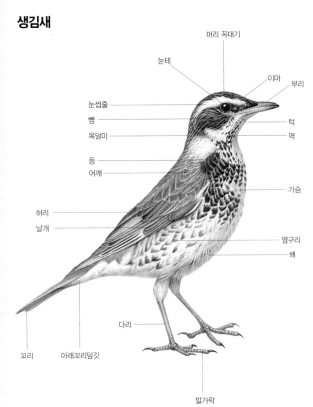

몸 구조와 역할

생김새

머리 꼭대기

눈테

이마

부리

눈썹줄

턱

뺨

목덜미

멱

등

어깨

가슴

허리

날개

옆구리

배

다리

꼬리

아래꼬리덮깃

발가락

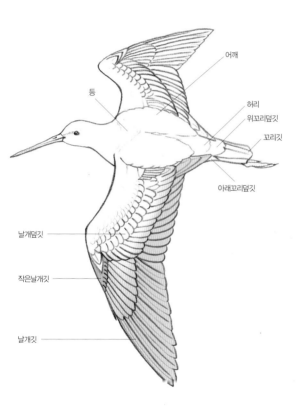

어깨

등

허리
위꼬리덮깃

꼬리깃

아래꼬리덮깃

날개덮깃

작은날개깃

날개깃

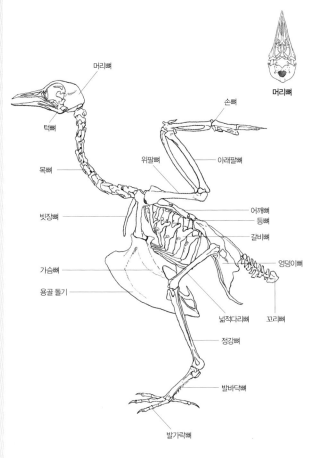

머리뼈

머리뼈

턱뼈

손뼈

위팔뼈

아래팔뼈

목뼈

어깨뼈
등뼈
갈비뼈

빗장뼈

엉덩이뼈

가슴뼈

용골 돌기

넓적다리뼈

꼬리뼈

정강뼈

발바닥뼈

발가락뼈

뼈

뼈

　새 뼈는 속이 비어 있거나 가는 조직이 얼기설기 얽혀 있다. 또 공기가 채워져 있어서 가벼우면서도 단단하다. 머리, 다리, 날개 뼈는 빈 곳이 많아서 더 가볍고, 몸통뼈는 빈 곳이 적어서 하늘을 날 때 무게 중심을 잡는다.

　머리는 머리뼈와 턱뼈로 이루어진다. 머리뼈는 두께가 얇고 눈구멍이 반쯤 차지해서 가볍다. 또 이빨이 달린 무거운 턱뼈 대신 속이 빈 가벼운 부리가 있다.

　날개에는 날개뼈와 뼈마디가 여러 개 있어서 접었다 폈다 한다. 날개뼈는 위팔뼈와 아래팔뼈, 손뼈로 이루어진다. 손가락뼈는 다섯 개 가운데 네 번째와 다섯 번째 손가락은 없어지고 두 번째, 세 번째 손가락은 퇴화해서 아주 작아졌다. 손가락뼈 하나는 짧은 깃털이 달린 작은날개깃이 되었다.

　내장을 둘러싸고 있는 갈비뼈는 작지만 가슴뼈는 크고 넓적하다. 가슴뼈는 하나로 되어 있는데 크고 튼튼한 가슴 근육을 받쳐 줄 수 있도록 용골 돌기가 발달했다. 타조처럼 날지 못하는 새는 가슴뼈가 작고 용골 돌기가 없다. 꼬리뼈는 다른 척추동물 꼬리뼈가 갈수록 작고 가늘어지는 것과는 달리 끝으로 갈수록 크고 굵어진다.

　날개와 가슴에 견주어 다리나 발은 크기가 작다. 다리와 발은 뼈가 18~20개쯤 있다. 넓적다리뼈, 정강뼈, 발뼈로 나눈다. 발뼈는 다시 발바닥뼈와 발가락뼈 10개로 나뉜다.

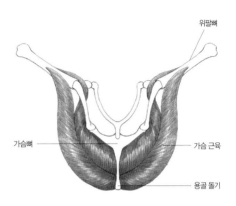

위팔뼈

가슴뼈 ————— 가슴 근육

용골 돌기

가슴 근육

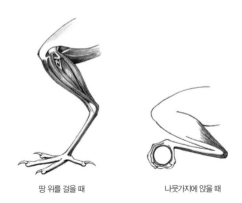

땅 위를 걸을 때   나뭇가지에 앉을 때

다리 근육

근육

새 가슴뼈에는 날갯짓할 때 쓰는 가슴 근육이 붙어 있는데 새 몸무게에서 15~25%를 차지한다. 사람 가슴 근육은 몸무게에서 1%쯤 된다. 새는 이렇게 크고 단단한 가슴 근육 덕분에 날갯짓할 때 생기는 커다란 공기 저항에 맞서서 앞으로 힘껏 나아갈 수 있다. 그래서 땅 위에서 많이 지내는 꿩 같은 새보다 하늘을 날아다니며 사는 수리나 매가 가슴뼈와 가슴 근육이 훨씬 더 발달했다.

가슴 근육은 위팔 근육과 폭 넓게 이어져 있고 가슴 근육 끝은 가슴뼈 가운데에 있는 용골 돌기까지 이어진다. 위팔뼈를 감싸는 위팔 근육은 가슴 근육과 한 덩어리처럼 몸통에 단단하게 붙어 있어서 새는 위팔뼈를 사람처럼 마음대로 움직일 수 없다.

다리에는 작은 근육이 여러 개 있는데 위쪽에 많이 모여 있다. 발바닥뼈 위쪽에 있는 정강이는 근육이 많지만 발바닥뼈는 근육이 거의 없고 뼈와 힘줄로 이루어져 있다. 다리와 발가락은 힘줄로 이어지고 발가락마다 안쪽으로 또 다른 힘줄들이 있다. 새가 땅 위에 있을 때는 힘줄이 느슨하게 풀어지고 나뭇가지에 앉을 때는 힘줄이 당겨지면서 발가락이 자연스럽게 오므라든다. 그래서 새는 나무 위에서 잠이 들어도 떨어지지 않는다. 날개깃과 뼈 사이에 있는 근육은 얇지만 단단해서 날개를 튼튼하게 받친다.

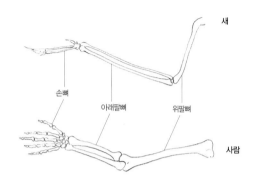

새

손뼈

아래팔뼈

위팔뼈

사람

날개와 팔뼈

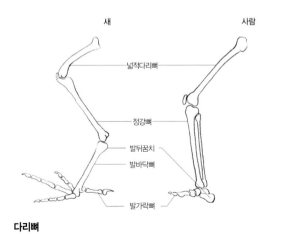

새

사람

넓적다리뼈

정강뼈

발뒤꿈치

발바닥뼈

발가락뼈

다리뼈

새와 사람 뼈

새 날개는 사람으로 치면 팔과 같다. 둘 다 위팔뼈와 아래팔뼈, 손뼈로 이루어져 있어서 얼핏 보면 비슷하지만, 하는 일이나 움직일 수 있는 폭은 많이 다르다.

사람 팔은 몸통과 위팔뼈가 뼈마디로 이어져 있지만 둘 사이를 잇는 근육은 적어서 위팔을 마음대로 움직일 수 있다. 그러나 새는 가슴 근육이 발달해 가슴뼈와 위팔뼈를 단단하게 잇고 있어서 위팔을 마음대로 움직일 수 없다. 그래서 위팔뼈는 몸통에 붙인 채 아래팔뼈와 손뼈만 접었다 폈다 하면서 날갯짓한다.

새 다리도 사람 다리처럼 넓적다리와 정강뼈, 발뼈로 이루어지는데 생김새와 관절 움직임은 사뭇 다르다. 사람은 걸을 때 넓적다리 위쪽 관절과 무릎 관절, 발목 관절을 써서 움직이는데, 이때 넓적다리와 정강이 사이에 있는 무릎 관절은 앞쪽으로 꺾인다. 발은 발가락과 나머지가 모두 땅에 닿는다. 하지만 새 다리는 넓적다리뼈 근육이 몸통에 붙어 있어서 날개 위팔뼈처럼 거의 움직일 수 없다. 새 다리에서 사람 발과 같은 곳은 발가락뼈와 발바닥뼈로 나뉘는데 발가락뼈만 땅에 닿고 발바닥뼈는 위로 들린다. 사람이 까치발을 하고 있는 것과 같다. 정강뼈와 발바닥뼈 사이 뼈마디는 뒤쪽으로 꺾인다. 발가락은 작은 뼈로 이루어져 있어서 걷거나 앉을 때, 먹이를 잡고 먹을 때 사람 손처럼 쓴다.

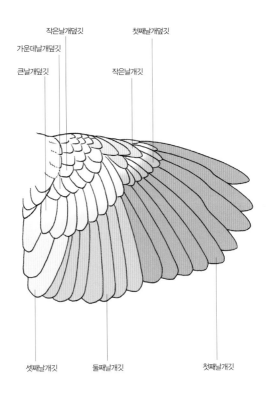

작은날개덮깃

첫째날개덮깃

가운데날개덮깃

작은날개깃

큰날개덮깃

셋째날개깃

둘째날개깃

첫째날개깃

날개 구조

날개

날개 구조

날개는 새와 다른 동물을 가르는 중요한 기관이다. 날개에는 날개깃과 덮깃, 작은날개깃이 있다. 날개깃은 뼈와 이어져 있고, 그 사이를 단단한 근육이 잡아주기 때문에 힘을 적게 들이고도 마음껏 날 수 있다.

날개깃은 날개 뒤쪽 가장자리에 나란히 늘어서 있다. 날개 끄트머리에 있는 것을 첫째날개깃이라고 하는데 9~10장쯤 된다. 새는 이 깃을 움직여 앞으로 나아가는 힘을 얻는다. 그 안쪽에 늘어선 깃을 둘째날개깃이라고 하는데 적게는 여섯 장부터 많게는 서른 장이 넘는다. 이 깃은 날개를 굽혔을 때 구부러진 선을 이루어 공기 저항을 줄인다. 몸 쪽으로 붙은 깃 몇 장은 셋째날개깃이라고 한다. 다른 날개깃보다 짧지만 날개와 몸통이 자연스럽게 이어지도록 받친다.

날개깃을 겹겹이 덮고 있는 덮깃은 날개 위쪽을 감싸서 날개가 매끈한 곡선을 이루도록 꼴을 잡는다. 작은날개깃은 새가 갑자기 방향을 바꿀 때 공기 흐름을 매끄럽게 해서 몸이 아래로 떨어지는 것을 막는다. 날개 아래쪽에는 날개깃을 덮고 있는 아래날개덮깃과 몸 쪽 가까이에 겨드랑이깃이 있다.

갈매기 무리
날개 폭이 좁고 길이가 길며 끝이 뾰족하다.
파도치는 바다에서 바람을 타고 날기에 알맞다.
날갯짓을 하면 시속 40km쯤으로 날 수 있지만
바람이 세게 불 때는 날갯짓을 거의 하지 않고도
상승 기류를 타고 날아다닌다.

독수리, 말똥가리
날개가 크직하고 날개 폭이 넓다. 그만큼 공기
저항을 많이 받기 때문에 빨리 날지는 못하지만
따뜻한 공기를 타고 위로 올라가기에 좋다. 날개 끝
깃털이 길고 깃털 사이사이가 손가락처럼 벌어져
있어 바람 방향을 바꾸기도 쉽다.

꿩, 딱따구리, 되새, 참새
날개 폭이 넓고 둥그스름하다. 다른 새들보다
날갯짓하기가 쉬워서 속도를 빠르게 높일 수 있고
먹이를 잡아먹거나 도망가면서 순간적으로
방향을 바꾸기 쉽다.

제비, 매, 황조롱이
길이가 짧고 날개 폭이 좁으면서 끝이 뾰족하다.
공기와 부딪치는 면적이 작아서 오랫동안 빠르게
날 수 있다. 이런 날개를 가진 새는 땅 위에
잘 내려앉지 않는다.

여러 가지 날개 생김새

여러 가지 날개 생김새

새 날개를 자세히 보면 저마다 조금씩 다르게 생겼다. 오랜 세월 동안 새가 사는 곳과 나는 움직임에 알맞게 바뀌어 왔기 때문이다. 종마다 독특한 날개깃을 가지고 있기 때문에 깃 생김새, 날개깃이 몸에 붙은 곳을 견주거나 첫째날개깃 수를 세고 길이를 재서 새를 나누기도 한다. 갈매기처럼 탁 트인 곳에 살면서 먼 거리를 나는 새들은 날개 뒤쪽 가장자리가 C자 꼴에 가깝고 날개깃이 허리까지 붙어 있다. 또 날개 폭이 좁고 길이가 길며 끝이 뾰족하다. 바람이 세게 불면 날갯짓을 거의 안 하고 위로 올라가는 바람을 타고 날아다닌다.

반대로 꿩이나 참새처럼 거치적거리는 것이 많은 곳에 살면서 짧게 날아다니는 새들은 날개 뒤쪽 가장자리가 둥그스름하다. 날개 폭이 넓고 둥그스름하다. 날갯짓하기가 쉬워서 속도를 빨리 높일 수 있고 눈 깜짝할 사이에 방향을 잘 바꾼다. 독수리, 말똥가리처럼 들에 사는 새 가운데 몸집이 큰 새들은 날개가 큼직하고 폭이 넓다. 그만큼 공기 저항을 많이 받아서 빨리 날지는 못하지만 따뜻한 공기를 타고 하늘 높이 올라가기 좋다. 또 깃털 사이사이가 손가락처럼 벌어져서 방향을 잘 바꾼다. 제비, 매, 황조롱이 같은 새는 날개 길이가 짧고 폭이 좁으면서 끝이 뾰족하다. 공기와 부딪치는 넓이가 작아서 오랫동안 빨리 날 수 있다. 이런 날개를 가진 새는 땅 위에 잘 내려앉지 않는다.

깃털 사이에 공기가 흘러갈 틈을 만들어
날개를 들어 올렸다가 다시 날개깃 틈을
없애고 힘차게 내리친다. 그러면 공기가
뒤로 밀리면서 몸이 앞으로 나아간다.

공기 흐름이 매끄러우면 양력이
유지된다.

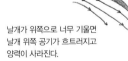

날개가 위쪽으로 너무 기울면
날개 위쪽 공기가 흐트러지고
양력이 사라진다.

작은날개깃을 써서 공기를 뒤로
보내면 다시 양력이 생긴다.

나는 원리

나는 원리

새는 몸집에 견주어 몸무게가 아주 가볍고, 크고 단단한 가슴 근육이 날개를 든든하게 받쳐서 힘차게 날개를 퍼덕일 수 있다. 깃털은 몸이 하늘로 오르게 하고 앞으로 나아가도록 돕고 몸 온도를 지켜준다.

날개는 앞쪽이 둥글고 두툼하고 뒤로 갈수록 뾰족하게 두께가 얇아져서 공기 저항을 줄인다. 날아오를 때는 날개깃을 비틀어서 깃털 사이에 공기가 흘러갈 틈을 만들어 날개를 들어 올렸다가 다시 날개깃 틈을 없애고 힘차게 내리친다. 그러면 공기가 뒤로 밀리면서 몸이 앞으로 나아가며 뜬다. 또 위로 날아오를 때는 날개 앞쪽과 꼬리를 들고, 아래로 내려갈 때는 날개 앞쪽과 꼬리를 내리면서 공기 흐름을 알맞게 바꾼다.

새가 날갯짓하면 공기는 날개 아래쪽보다 위쪽에서 더 빨리 흐른다. 날개 위쪽은 살짝 볼록하고 아래쪽은 안으로 굽어 있어서 같은 시간 동안 공기가 지나는 거리가 더 길기 때문이다. 이렇게 위아래 속도가 달라지면 기압도 달라지는데, 이 기압 때문에 날개를 위에서는 끌어당기고 밑에서는 밀어 올리는 힘이 생긴다. 이 힘을 '양력(揚力)'이라고 한다. 새는 이 힘으로 하늘을 난다.

날갯짓할 때 날개가 위쪽으로 지나치게 기울면 공기 흐름이 흐트러지면서 양력이 사라진다. 그럴 때는 날개 위쪽 귀퉁이에 붙은 작은날개깃을 쓴다. 작은날개깃을 움직여 공기를 뒤로 보내면 공기 흐름이 매끄러워지면서 양력이 다시 생긴다.

날개 치기 멧비둘기

청둥오리

괭이갈매기

미끄러지듯 날기 꿩

털발말똥가리

독수리

공기 힘을 빌어 날기

황조롱이

물총새

제자리 날기

여러 가지 나는 법

많은 새들은 맞은편에서 바람이 불어올 때 그 바람을 타고 날아오른다. 바람이 없을 때 몸을 띄우려면 힘을 많이 들여 아주 빠르게 날갯짓을 해야 날 수 있다. 몸집이 커서 도움닫기와 날갯짓을 같이 해야 날아오를 수 있는 오리과 새들은 더 그렇다. 바람을 타고 날면 날갯짓을 조금만 하고도 쉽게 날아오를 수 있다.

대부분 새들은 가슴 근육 힘을 써서 날개를 연거푸 치면서 난다. '날개 치기'라고 한다. 비둘기나 오리과 새들처럼 땅 위에서 바로 날아오를 때는 이 방법을 쓴다. 날개 치기로 날아오른 새는 날갯짓하는 데 드는 힘을 줄이려고 '활공'이라는 방법을 쓴다. 활공은 날개를 활짝 펼친 채 바람 힘을 받아서 나는 것이다. 바람만 잘 타면 날갯짓을 거의 하지 않고도 몇 시간씩 날 수 있다. 꿩이나 갈매기과 새들이 활공을 많이 한다. 몸집이 큰 말똥가리나 독수리는 '범상'이라는 방법을 즐겨 쓴다. 날갯짓을 하지 않고 나는 것이 활공과 비슷하지만 바람이 아니라 위로 올라가는 공기 힘을 빌어 나는 방법이다. 위로 올라가는 공기가 날개를 받쳐 주어서 몸이 같이 떠오른다. 몸집이 큰 새들은 위로 솟구치는 공기 흐름을 벗어나지 않으려고 그 안에서 빙글빙글 돌면서 올라갔다 미끄러지듯 내려오기를 되풀이한다. 황조롱이나 물총새 같은 새들은 제자리 멈춰 난다. '정지 비행'이라고 한다. 한자리에 멈춘 채 빠른 날갯짓을 줄곧 하면서 떠 있다.

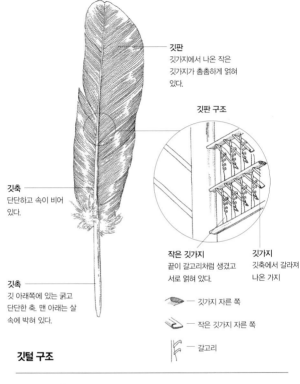

깃판
깃가지에서 나온 작은 깃가지가 촘촘하게 얽혀 있다.

깃판 구조

깃축
단단하고 속이 비어 있다.

작은 깃가지
끝이 갈고리처럼 생겼고 서로 얽혀 있다.

깃가지
깃축에서 갈라져 나온 가지

깃촉
깃 아래쪽에 있는 굵고 단단한 축. 맨 아래는 살 속에 박혀 있다.

깃가지 자른 쪽

작은 깃가지 자른 쪽

갈고리

깃털 구조

몸깃　　　　솜털　　　　날개깃

깃털 종류

깃털

역할과 구조

깃털은 새가 다른 동물과 뚜렷하게 다른 특징이다. 깃털은 새 몸집에 따라 삼천 개쯤부터 이만 개에 이르고 빠지고 나기를 되풀이한다. 깃털에는 날개깃, 꼬리깃, 몸깃, 솜털이 있는데 저마다 다른 구실을 한다. 날개깃은 크기가 커서 다른 깃털보다 수가 적지만 가벼우면서도 힘이 있다. 날개를 더 크게 만들고 넓이를 넓혀서 공기 흐름을 타고 날기 쉽게 한다. 꼬리깃은 하늘을 날다가 잠시 멈추거나 방향을 바꾸는데 도움을 주고, 나무나 땅 위에 앉을 때 균형을 잡는다. 몸깃은 몸을 유선형으로 만들어서 날 때 공기 저항을 줄인다. 부드럽고 가는 솜털은 공기를 품고 있어서 겨울에도 몸을 따뜻하게 해준다. 오리 같은 물새들은 깃털에서 나오는 기름 덕분에 몸이 물에 젖지 않는다.

깃털은 사람 머리카락처럼 케라틴이라는 단백질로 이루어져 있어서 가볍고 질기다. 깃털 한 가운데에는 깃축이 있고 깃축 양쪽에는 깃가지가 모여 깃판을 이룬다. 깃축과 깃판은 깃털에 힘을 실어 주고 센 바람에도 깃털이 흐트러지지 않도록 잡아 준다. 깃가지에는 갈고리처럼 굽은 작은 깃가지가 있어서 깃가지끼리 서로 단단히 얽혀 깃털에 힘을 더한다. 깃축 위쪽은 깃축에 이어지고 아래쪽은 뾰족해서 살갗 속에 들어가 있다. 솜털에는 작은 깃가지와 갈고리가 없다.

기름 바르기　청둥오리　　　흰뺨검둥오리

깃털 가루 바르기　　노랑부리백로　　왜가리

물 목욕　꾀꼬리　　민물도요　　괭이갈매기

모래 목욕　꿩　　참새

개미 목욕　찌르레기

깃털 다듬기

새가 먹이를 잡고 새끼를 키우고 여기저기 날아다니다 보면 깃털이 더러워지고 기생충도 생긴다. 닳아서 떨어지거나 듬성듬성 빠지기도 한다. 깃털이 상하면 잘 날 수도 없고 몸 온도를 지키기 힘들다. 해마다 털갈이를 하지만 늘 깃털을 다듬어야 새가 잘 살아갈 수 있다. 그래서 새들은 틈틈이 깃털을 다듬고 목욕을 한다. 깃털을 다듬을 때는 부리나 발을 쓴다. 깃털 속에 기생충이 있으면 부리로 떼어 내고, 때나 기름이 끼어 뭉친 깃털은 거친 발톱으로 빗는다. 깃털이 물에 젖지 않도록 꼬리 쪽에 있는 기름샘에서 나오는 기름을 깃털에 골고루 바르기도 한다. 백로나 왜가리는 깃털 끝이 각질처럼 부서져 생기는 가루를 온몸에 발라 몸이 물에 젖거나 때가 타는 것을 막는다. 몸집이 작은 산새나 오리, 갈매기, 도요 무리는 얕은 물에 들어가 몇 초에서 2~3분까지 몸을 마구 흔들면서 물에 적신다. 그리고 밖으로 나와 몸을 파르르 떨어 물기를 털어 낸다. 꿩이나 참새, 메추라기는 물 대신 햇빛에 잘 마른 모래에 깃털을 비비면서 목욕을 한다. 모래가 기름을 빨아들이고 보송보송하게 만들어 몸에 기생충이 안 생긴다. 찌르레기 같은 새들은 개미를 입에 문 채 몸을 문지르거나 날개를 펴고 앉아 개미 목욕을 한다. 개미가 깃털 사이를 돌아다니면서 개미산을 내뿜어 이나 진드기를 죽인다.

여러 가지 깃털

꿩

멧비둘기

오색딱따구리

청둥오리

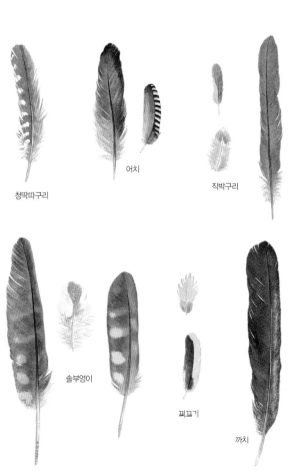

청딱따구리

어치

직박구리

솔부엉이

삐끼

까치

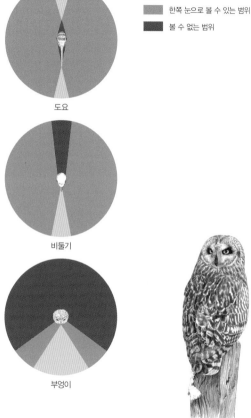

양쪽 눈으로 볼 수 있는 범위

한쪽 눈으로 볼 수 있는 범위

볼 수 없는 범위

도요

비둘기

부엉이

새가 보는 범위

머리를 뒤로 돌린 쇠부엉이

감각 기관

눈

새는 눈이 아주 밝다. 새 눈은 사람 눈과 달리 각막과 수정체를 모두 조절할 수 있어서 초점을 빨리 맞추고 시력도 좋다. 매나 수리는 사람보다 6~7배나 잘 본다. 올빼미도 눈이 크고 밝아서 컴컴한 숲 속에서도 먹잇감을 잘 찾아낸다. 하지만 눈을 움직이는 근육은 거의 발달하지 못해서 목과 머리를 움직여 두리번거리며 본다. 새는 저마다 눈이 있는 곳이 다르다. 도요새 무리는 눈이 머리 양옆에서 조금 뒤에 있어서 옆과 뒤를 넓게 볼 수 있다. 하지만 양쪽 눈에 비친 두 그림을 하나로 모으지 못해서 바로 앞에 있는 것은 잘 못 본다. 비둘기 무리는 눈이 양옆 가운데쯤 있어서 한쪽 눈으로 볼 수 있는 범위가 넓고 양쪽 눈으로 볼 수 있는 범위도 넓어서 앞과 옆을 두루 살핀다. 올빼미는 사람처럼 얼굴이 판판하고 눈이 앞에 있어서 앞을 넓게 보지만 뒤쪽에서 오는 천적을 알아채기 힘들다. 대신 머리를 양옆으로 자유롭게 돌려서 뒤를 본다.

귀

새는 귓바퀴가 밖으로 튀어나오지 않고 흔적만 남았다. 귓구멍은 귀깃으로 덮여 있다. 귀 구조는 단순하지만 듣는 힘은 다른 동물과 비슷하거나 더 나은 것 같다. 소리를 들으려고 귀를 기울이면 귀깃이 살짝 늘난다. 올빼미는 양쪽 귀 높이가 달라서 이 차이로 소리가 나는 곳과 거리를 정확하게 알아낸다. 또 판판한 얼굴은 귓바퀴처럼 소리를 모은다.

뿔논병아리 물풀 춤

제비갈매기 먹이 선물

한살이

짝짓기

새들은 흔히 봄부터 여름까지 짝짓기를 하고 새끼를 친다. 그 무렵이 날씨가 따뜻해서 알을 품기 알맞고 새끼에게 먹일 애벌레나 곤충 같은 먹이도 많기 때문이다. 짝짓기를 할 때는 수컷이 암컷에게 잘 보이기 위한 몸짓을 하거나 울음소리를 낸다. 먹이를 선물하기도 한다. 이런 행동으로 여러 새들 가운데 같은 종을 알아보고, 생김새가 닮은 암수를 가려낸다.

짝짓기 철에는 수컷 몸빛이 바뀌는 새가 많다. 원앙 수컷은 몸빛깔이 알록달록해진다. 뒤통수에 난 댕기깃을 펼치거나 노란 날개깃을 활짝 펼친 채 머리를 까닥이면서 암컷 눈길을 끈다. 새는 짝짓기 무렵 소리를 가장 많이 낸다. 특히 수컷이 암컷을 부르면서 울 때가 많다. 파랑새 수컷은 암컷 둘레를 빙빙 돌면서 '꽥꽥' 하는 소리를 낸다. 꿩 수컷은 눈 둘레 빨간 살갗을 한껏 부풀린 채 '꿱꿱'하는 소리를 내면서 암컷을 찾는다. 짝짓기를 하려고 멋지게 나는 새들도 있다. 도요 무리는 수컷이 하늘로 100m쯤 날아올랐다가 재빨리 내려오기를 되풀이한다. 괭이갈매기, 제비갈매기, 물총새 수컷은 암컷이 좋아하는 물고기를 잡아서 선물한다. 짝을 찾은 뒤 암수가 함께 춤을 추기도 한다. 짝을 찾은 논병아리는 함께 물 위를 달리거나 물풀을 입에 물고 마주 본 채 오랫동안 춤을 춘다.

꾀꼬리

동고비

귀제비

물총새

꼬마물떼새

개개비

논병아리

까치

여러 가지 둥지

둥지 짓기

　새는 짝짓기를 하고 나면 알을 낳고, 품고, 알을 깨고 나온 새끼를 키울 곳이 필요하다. 그래서 짝짓기 철이 되면 수컷은 천적 눈에 잘 안 띄고 비나 눈, 햇볕을 피할 곳을 찾아 둥지를 짓는다. 둥지 겉은 둘레에서 쉽게 구할 수 있는 재료를 써서 눈에 안 띄게 하고, 안쪽은 가는 나뭇가지나 풀을 깔고 제 깃털이나 다른 짐승 털로 덮어서 부드럽고 따뜻하게 만든다.

　마을 둘레에 사는 제비나 참새는 처마 밑이나 돌담 틈, 다리 밑에 밥그릇처럼 둥그스름하게 둥지를 짓는다. 귀제비도 제비와 비슷하게 집을 짓는데 병을 뉘어 놓은 듯 길쭉하게 만든다. 들어가는 쪽을 좁게 만들어서 안에 있는 새끼를 지킨다. 까치, 어치 같은 새들은 높은 나뭇가지에 둥지를 짓는다. 까치는 둥지를 해마다 고쳐 써서 갈수록 커진다. 꾀꼬리는 재료를 튼튼하게 엮어서 나뭇가지에 둥지를 매단다. 딱따구리는 뾰족하고 단단한 부리로 나무에 구멍을 뚫어 둥지로 쓴다. 들어가는 쪽은 좁지만 안은 널찍하다. 올빼미나 원앙은 딱따구리가 쓰던 둥지나 나무 구멍에 둥지를 튼다. 꿩은 풀밭에 몸을 문질러 땅을 파고 마른 풀을 깐다. 물떼새는 모래나 자갈밭에 오목한 구멍을 파고 알을 낳는다. 논병아리나 물닭은 얕은 물가 갈대밭에다 물 위에 뜨는 둥지를 만든다.

꼬마물떼새 알 품기

꼬마물떼새(조성성 조류)

직박구리(만성성 조류)

갓 나온 새끼 모습

알 낳아 키우기

알 낳기

새는 흔히 한 해에 한 번 알을 낳는다. 둥지를 먼저 지어 놓고 하루나 이틀에 하나씩 낳는다. 새마다 알을 한두 개만 낳는 새도 있고 스무 개쯤 낳는 새도 있다.

알 품기

알을 낳고 나면 어미 새는 아랫배로 알을 감싸 품는다. 암컷 혼자 품거나 암수가 번갈아 품는다. 암컷이 알을 품는 동안 수컷은 먹이를 물어 오거나 둥지 둘레를 지킨다. 뻐꾸기는 다리가 짧아 알을 못 품어서 다른 새 둥지에 알을 낳는다.

알 깨기

새끼는 때가 되면 부리로 알껍데기를 톡톡 두드려 깨고 나온다. 갓 깬 새끼는 두 가지로 나뉜다. 알을 깨고 나올 때 온몸에 털이 나 있고 눈을 뜰 수 있는 새끼가 있다. 흔히 물새가 그렇다. 또다른 새끼는 갓 깼을 때 몸에 털이 없고 눈도 뜨지 못한다. 이런 새끼는 다 자랄 때까지 둥지에서 부모 새가 잡아다 주는 먹이를 받아먹으며 자란다.

새끼 키우기

새끼가 깨어 나오면 부모 새는 알껍데기를 바깥으로 버리고 먹이를 물어다 먹인다. 새끼가 똥을 싸면 물어다 버리거나 먹어 치운다. 그래야 냄새를 맡고 천적이 나오는 것을 막는다. 천적이 다가오면 사납게 덮치면서 위협하거나 다친 척하며 천적을 둥지에서 멀리 이끈다.

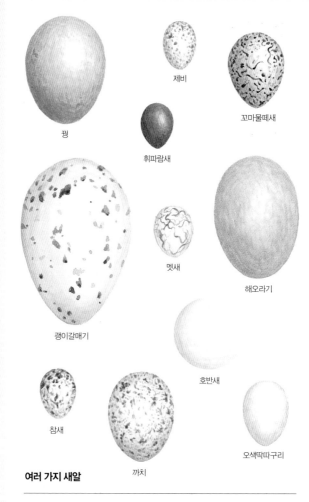

제비

꼬마물떼새

꿩

휘파람새

멧새

해오라기

괭이갈매기

호반새

참새

오색딱따구리

까치

여러 가지 새알

여러 가지 새알

새는 사는 환경에 따라 저마다 크기와 색깔과 무늬가 다른 알을 낳는다. 새알은 다 동그랗지만 한쪽 끝이 뾰족하게 동그란 것도 있고 탁구공처럼 동그란 것도 있다. 괭이갈매기나 바다오리처럼 바닷가 높은 바위 위에 알을 낳는 새 알은 잘 굴러가지 않도록 한쪽 끝은 뾰족하고 반대쪽은 둥글다. 원앙, 딱따구리, 올빼미나 물총새처럼 나무 구멍이나 흙 벼랑 구멍에 알을 낳는 새 알은 굴러 떨어질 일이 없어서 탁구공처럼 동그랗다.

자갈밭에 낳는 꼬마물떼새 알 색깔은 자갈과 비슷해서 눈에 잘 안 띈다. 꿩은 마른 풀 위에 알을 낳아서 알 색깔도 마른 풀처럼 옅은 밤색이다. 나뭇가지를 쌓아서 알을 낳는 참새나 까치 알은 나뭇가지처럼 짙은 밤색 무늬가 얼룩덜룩 나 있다. 하지만 해오라기나 백로처럼 높은 나무 위에 알을 낳아서 천적 눈에 띌 일이 거의 없는 새 알은 색깔과 무늬가 훨씬 눈에 띈다. 뻐꾸기는 붉은머리오목눈이나 산솔새 둥지에 몰래 알을 낳아 대신 키우게 하는데, 둥지 주인 알과 똑 닮은 알을 낳는다.

새는 몸집이 클수록 알도 크고 품는 기간도 길다. 두루미나 황새 알은 세로 길이가 10cm가 넘고 꼬박 한 달 동안 알을 품는다. 참새나 박새, 오목눈이처럼 작은 새들은 알도 작고 품는 기간도 열흘이나 보름쯤 된다.

장다리물떼새 한살이

장다리물떼새는 봄에 우리나라에 와서 짝짓기를 하고 가을에 남쪽으로 가서 겨울을 난다. 논이나 연못, 호수 같은 민물 둘레에 살면서 둥지를 짓고 새끼를 친다.

얕은 저수지나 논바닥 높은 곳에 둥지를 짓는다. 볏짚이나 물풀 줄기를 화산처럼 쌓고 바닥에는 물풀이나 작은 돌을 깐다.

4~6월에 짝짓기를 한다. 암컷이 머리를 앞으로 뻗고 몸을 낮추면 수컷이 재빠르게 암컷 등으로 올라간다. 수컷이 내려오면 암수는 서로 부리를 맞대기도 하고 함께 걷기도 한다.

암수가 번갈아 알을 품는다. 천적이 둥지로
다가오면 '꽥꽥' 하고 큰 소리를 낸다. 그러면
둘레에 있던 장다리물떼새 무리가 찾아와
함께 쫓아낸다.

알을 품은 지 23~27일쯤 지나면 새끼가 알을
깨고 나온다. 갓 나온 새끼는 두세 시간 지나면
털이 마르고 힘차게 움직인다. 어미는 곧
새끼와 함께 둥지를 떠난다.

다 자란 새는 스스로 먹이를 찾아나닌다.
얕은 물가를 걸어 다니면서 개구리나
물고기를 부리로 콕콕 쪼아 먹는다.

매

흰뺨검둥오리   어치

개구리밥   징거미새우   도토리   참매미

새 먹이 사슬

새와 먹이 사슬

산새들은 봄여름이면 둘레에서 많은 벌레와 애벌레, 알을 잡아먹어서 생태계 균형을 맞춘다. 그런 벌레 가운데 사람이나 농작물에 해를 끼치는 벌레가 많다. 많은 새들이 이런 벌레를 잡아먹어서 사람이나 농사에 도움을 준다. 가을과 겨울에는 나무 열매나 씨앗을 즐겨 먹는다. 열매 속에 든 씨앗은 소화되지 못하고 똥과 함께 나온다. 씨앗에는 끈끈한 소화액이 묻어서 어디든지 잘 달라붙는다. 나무나 땅에 달라붙은 씨앗은 알맞은 때가 되면 뿌리를 내리고 싹을 틔운다. 이렇게 새들은 나무 열매나 풀씨를 먹고 여기저기 날아다니면서 똥을 누어서 씨앗을 널리 퍼뜨린다.

물가에 사는 새들은 물속 생물을 먹고 산다. 물 위에 떠다니는 작은 플랑크톤부터 개구리밥, 마름 같은 식물, 물속 벌레, 조개 같은 작은 무척추동물도 먹는다. 독수리나 솔개, 까마귀 같은 새들은 죽은 동물을 먹고, 괭이갈매기는 바닷가에 버려진 물고기를 먹어 치워 청소부 노릇을 한다.

매나 독수리처럼 큰 새는 자기보다 작은 새를 잡아먹는다. 작은 새가 너무 많아지면 먹이인 곤충이 줄어들고, 곤충이 줄어들면 작은 새도 먹을 것이 없어서 줄어든다. 작은 새가 줄어들면 큰 새도 먹고 살기 힘들다. 이렇게 생물들이 서로 먹고 먹히는 먹이 사슬 속에서 어느 한 개체 수가 너무 많아지거나 줄어들지 않아야 생태계가 고르게 지켜진다.

텃새와 철새

텃새

우리나라에서 볼 수 있는 새 600종 가운데 텃새는 60종쯤 된다. 나머지는 모두 철새다. 텃새는 여름에는 북쪽이나 중부 지방에서 지내다가 겨울이 되면 따뜻한 남부 지방 바닷가로 옮겨 살기도 한다. 또 새끼 칠 때는 깊은 숲 속이나 낮은 산에 있다가 새끼를 친 뒤 겨울이 되면 먹이를 찾아 마을 둘레나 도시로 내려오기도 한다.

참새, 까마귀, 종다리, 까치, 멧새 같은 새들은 여름에는 낮은 산에서 새끼를 치고 겨울에는 마을 둘레로 내려온다. 사람 사는 집 처마나 다리 틈, 논밭 둘레 나뭇가지에 둥지를 틀기도 한다.

논이나 연못, 저수지, 골짜기에는 흰뺨검둥오리, 원앙, 물닭이 산다. 미꾸라지 같은 작은 물고기나 곤충을 잡아먹는다. 물 위에 물풀을 쌓아 둥지를 짓기도 하고 높은 나뭇가지 위에 둥지를 짓기도 한다. 원앙은 다른 오리과 새들과는 달리 나무 구멍을 둥지로 쓴다.

산속에는 딱따구리, 박새, 어치, 동고비 같은 새들이 산다. 곤충과 애벌레, 나무 열매나 씨앗을 먹고 쥐나 작은 새를 잡아먹기도 한다. 새끼를 친 뒤 낮은 산 개울가로 내려와 지낸다. 참새, 까치, 직박구리, 비둘기는 도시에서도 흔히 본다.

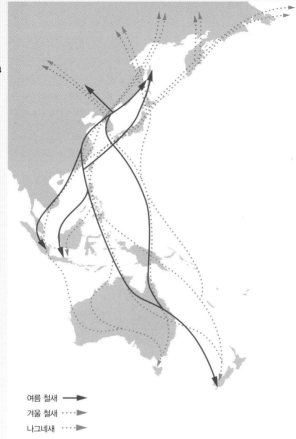

여름 철새 ——▶
겨울 철새 ·····▶
나그네새 ·····▶

여름 철새가 다니는 하늘길

철새

여름 철새

우리나라에서 여름을 나는 새가 여름 철새다. 봄에 우리나라를 찾아와 새끼를 치고 지내다가 가을이 되면 따뜻한 남쪽 나라로 옮겨서 겨울을 난다. 흔히 동남아시아와 우리나라를 오가는데 오스트레일리아나 뉴질랜드까지 다녀오기도 한다.

우리나라를 찾는 여름 철새는 70종쯤 된다. 제비, 뻐꾸기, 꾀꼬리, 파랑새, 물총새, 왜가리, 해오라기, 개개비, 산솔새 따위가 있다. 여름 철새는 겨울 철새보다 몸 빛깔이 알록달록한 것이 많은데, 몸집이 작은 산새들은 무성한 나뭇잎에 가려 눈에 잘 안 띈다. 대신 짝짓기 철에 내는 울음소리를 자주 들을 수 있다.

제비, 후투티, 알락할미새, 찌르레기는 마을 둘레에 산다. 제비는 아예 사람이 사는 집 처마에 둥지를 틀고 함께 산다. 중대백로, 쇠백로, 황로는 낮은 산이나 언덕에 있는 높은 나무 위에서 무리 지어 산다. 몸집이 크고 깃털이 하얘서 눈에 잘 띈다. 논 둘레나 물가에는 개개비, 뜸부기, 쇠물닭, 덤불해오라기가 산다. 깃털이 알록달록 한 물총새, 호반새는 숲 속 맑은 연못이나 개울 둘레에 산다. 울창한 숲에서는 꾀꼬리나 호랑지빠귀, 솔부엉이, 쏙독새를 볼 수 있다. 바닷가에서는 쇠제비갈매기가 살고, 강이나 개울가에는 꼬마물떼새를 볼 수 있다.

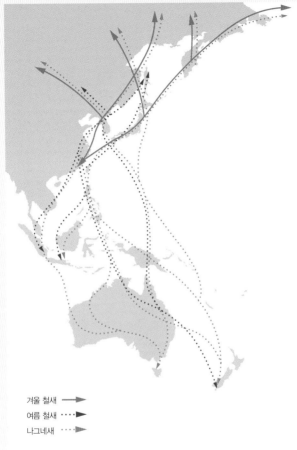

겨울 철새 ——▶

여름 철새 ·····▶

나그네새 ····▶

겨울 철새가 다니는 하늘길

겨울 철새

겨울 철새는 가을에 우리나라를 찾아와 겨울을 나고 이듬해 봄에 북쪽 나라로 가서 새끼를 친다. 중국, 몽골, 러시아와 우리 나라를 오간다. 우리나라를 찾는 겨울 철새는 150종이 넘는다.

산새와 물새 가운데 물새가 훨씬 많고 그 가운데서도 오리 무리가 가장 많이 찾아온다. 청둥오리, 가창오리, 고방오리, 혹부리 오리가 물가에서 섞여 지낸다. 큰고니와 큰기러기는 좀 더 조용한 호수에서 볼 수 있다. 아침에는 몸을 웅크린 채 잠을 자거나 쉬고, 낮에 기온이 올라 따뜻해지면 여기저기 먹이를 찾아다닌다. 바다 에서는 흰뺨오리, 흰죽지, 비오리와 붉은부리갈매기 같은 갈매기 무리를 볼 수 있다. 오리 무리는 물 위에 둥둥 뜬 채로 먹이를 찾 다가 바위에 앉아 쉬기를 되풀이하고, 갈매기 무리는 바다와 항 구 위를 빙빙 날면서 먹이를 찾아다닌다. 갯벌에서는 개리가 바닥 을 헤집으며 먹이를 찾는다. 논에서는 청둥오리, 가창오리, 쇠기러 기, 두루미, 독수리, 황새 같은 새를 볼 수 있다.

겨울 철새들은 한겨울에 차가운 물속에 몸을 담그거나 꽁꽁 언 얼음 위를 맨발로 잘 걷는다. 꼬리 쪽에 있는 기름샘에서 나오 는 기름을 온몸에 난 깃털 구석구석에 바른다. 그러면 물속에 들 어가도 깃털이 젖지 않아서 몸 온도를 지킨다. 또 새 다리와 몸통 을 잇는 뼈마디에는 열을 조절하는 장치가 있어서 발이 시리거나 동상에 걸리지도 않는다.

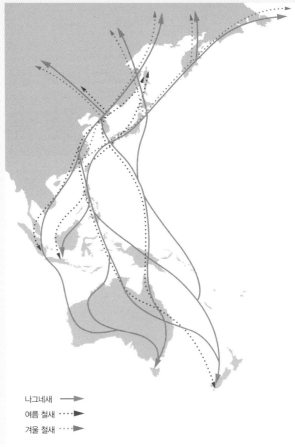

나그네새 ——▶

여름 철새 ·····▶

겨울 철새 ·····▶

나그네새가 다니는 하늘길

나그네새

나그네새는 봄에는 새끼를 치려고 우리나라보다 북쪽으로 가고, 가을에는 겨울을 나려고 우리나라보다 남쪽으로 옮겨 간다. 그런데 이 거리가 너무 멀어서 우리나라에 잠시 들러 쉬어 가는 것이다. 여름에는 중국 북부, 러시아, 알래스카에서 새끼를 치고, 겨울에는 중국 남부, 동남아시아, 오스트레일리아로 옮겨서 겨울을 난다.

우리나라에서 볼 수 있는 나그네새는 180종쯤 된다. 그 가운데 가장 많이 오는 새는 도요와 물떼새다. 이 새들은 우리나라를 지날 때 서해안 갯벌을 따라 간다. 드넓은 서해안 갯벌에는 갯지렁이, 게, 쏙, 고둥 같은 여러 가지 생물이 살아서 나그네새들이 쉬면서 실컷 먹기에 아주 좋다. 나그네새들은 열흘에서 보름쯤 머물면서 지친 몸을 쉬고 살을 찌워서 다시 날아갈 힘을 얻는다. 산새 가운데에서는 울새나 유리딱새, 진홍가슴이 봄가을에 우리나라 숲에서 쉬어 간다. 산줄기를 따라 옮겨 다니고 서해를 건너 남북을 오가다가 섬에 내려앉아 쉬는 모습을 볼 수 있다. 탁 트인 갯벌에서 쉬는 물새와 달리 산새는 우거진 숲 속을 찾기 때문에 눈에 잘 안 띈다. 봄에 오는 나그네새는 짝짓기를 앞두고 있어서 몸 빛깔이 알록달록한데, 짝짓기를 끝낸 가을에는 수수한 색깔로 바뀌어 돌아온다. 그해 태어난 새끼들도 함께 온다.

철새 이동

철새는 해가 길어지면 봄이 온 것을 알고 북쪽으로 가고, 해가 짧아지면 겨울이 오는 것을 알고 남쪽으로 움직인다. 또 철새 몸 안에 있는 호르몬 때문에 짝짓기 철이 되면 먹이가 많고 날씨가 좋아 새끼를 치기 알맞은 곳으로 떠난다. 철새가 옮겨 다니는 거리는 수백 킬로미터에서 수만 킬로미터에 이른다. 하루에 8시간 쯤 평소보다 더 멀리 날아야 하고 한번 무리를 지어 날기 시작하면 자주 내려앉아 쉬거나 먹이를 찾아 먹기도 쉽지 않다. 그래서

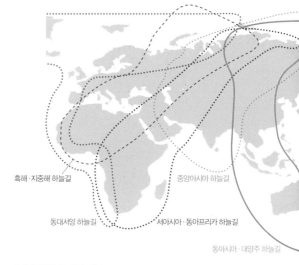

흑해·지중해 하늘길

중앙아시아 하늘길

동대서양 하늘길

서아시아·동아프리카 하늘길

동아시아·대양주 하늘길

세계 9대 철새 이동 경로

이동할 때가 다가오면 새들은 먹이를 닥치는 대로 먹어서 몸속에 지방을 차곡차곡 모은다.

먼 거리를 날아가려면 힘이 많이 들어서 새들은 V자 꼴로 무리를 지어 날고 맑은 날이면 솟구치는 공기 흐름을 타면서 이동한다. 조류학자들은 철새가 낮에는 해, 밤에는 별자리를 보고 방향을 아는 것으로 짐작한다. 산줄기나 강 같은 땅 생김새나 지구 자기장을 느끼고 남쪽과 북쪽을 가늠한다는 말도 있다.

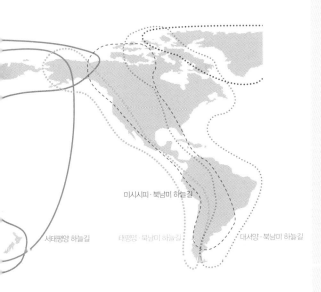

미시시피·북남미 하늘길

서태평양 하늘길　　태평양·북남미 하늘길　　대서양·북남미 하늘길

솔잣새 위아래 부리가 서로
어긋난다.

후투티 부리가 곡괭이처럼
길고 굽어 있다.

오색딱따구리 부리가 단단하고
날카롭다.

참매 위쪽 부리가 송곳니처럼
날카롭고 아래로 굽어 있다.

콩새 부리가 큼직하고
튼튼하다.

부리

물수리 발이 크고
두툼하다. 발톱이 길고
끝이 날카롭다.

오색딱따구리 발가락이
앞뒤로 두 개씩 있고 발톱은
갈고리처럼 굽어 있다.

딱새 발이 작고 발가락도
가늘다.

발

산새와 물새

산새

산새는 산에서 살고 먹이도 산에서 구한다. 독수리, 참매, 수리부엉이처럼 몸집이 큰 새도 있고 멧비둘기, 물총새, 딱새, 동고비처럼 작은 새들도 있다. 꽃꿀, 꽃가루, 풀씨, 나무 열매를 먹고 곤충, 곤충 알, 애벌레, 거미를 잡아먹는다. 골짜기 둘레에 사는 물총새와 호반새는 작은 물고기, 가재, 게를 먹는다. 수리부엉이나 올빼미는 곤충도 먹고 뱀, 쥐, 두더지, 토끼 같은 동물을 잡아먹는다.

둥지는 나뭇가지, 마른풀, 나뭇잎, 이끼처럼 산에서 나는 거리를 써서 짓는다. 솔부엉이나 올빼미, 울새는 자연스레 생긴 나무 구멍을 둥지로 삼고, 딱따구리는 뾰족하고 단단한 부리로 나무에 구멍을 파서 둥지를 만든다. 쏙독새, 멧새, 유리딱새는 바위틈이나 수풀 속에 둥지를 틀고, 물총새나 호반새는 깊은 산속 흙 벼랑에 굴을 길게 파서 둥지로 쓴다.

산새는 물새보다 부리가 짧고 날카롭다. 곡식이나 나무 열매를 까서 먹는 새는 부리가 조금 더 크고 두툼하고, 곤충을 잡아먹는 새는 부리가 가늘면서도 길다. 물총새는 곤충보다는 물고기를 좋아해서 부리도 크다. 황조롱이는 갈고리 같은 부리로 작은 짐승을 잘게 찢어 먹는다. 땅 위를 걷는 일이 드물고 날아다니면서 먹이를 찾기 때문에 나라나 빌기녁 길이시 짧따. 대신 발톱온 긴고 난 카로워서 먹이를 움켜쥐거나 나뭇가지를 잡고 앉아 있기 좋다.

마도요 부리가 가늘고 길고 아래로 굽어 있어서 갯벌 깊숙이 숨은 먹이를 잘 찾는다.

저어새 부리가 길고 끝이 주걱처럼 둥글납작하다. 물속에 넣고 노 젓듯이 저으면서 먹이를 찾는다.

괭이갈매기 위쪽 부리가 날카롭게 굽어 있어서 잡은 물고기를 안 놓친다.

검은머리물떼새 부리가 좁으면서 길다. 입을 벌린 굴이나 조개에 부리를 꽂고 살을 꺼내 먹는다.

혹부리오리 부리가 넓적하고 판판해서 물속 먹이나 갯벌에 숨은 먹이를 잘 찾아 먹는다.

부리

청둥오리 앞발가락 사이에 물갈퀴가 있어서 헤엄을 잘 치고 자맥질도 잘한다.

왜가리 발가락이 길고 가늘어서 물가를 빠르게 걷거나 덤불 사이를 잘 헤집고 다닌다.

물닭 발가락 마디마디에 접었다 폈다 하는 판족이 있어서 헤엄도 잘 치고 땅에서도 잘 걷는다.

발

물새

물새는 물가에서 자주 보이고 먹이도 물속이나 물가에서 찾는다. 개울, 호수 같은 민물과 바다, 갯벌에서 사는 물속 곤충, 물고기, 우렁이, 개구리, 새우, 조개, 게, 갯지렁이를 잡아먹고 산다. 물가에 사는 달팽이, 뱀, 쥐 같은 동물도 잡아먹고 물풀을 뜯어 먹기도 한다.

둥지는 물풀과 이끼를 쌓아 물 위에 뜨도록 만들거나 축축한 땅이나 풀밭 위에 마른 풀과 나뭇잎을 쌓아 만든다. 바다에 사는 괭이갈매기나 바다직박구리는 바닷가 벼랑 틈에 풀을 깔고 둥지로 쓴다. 해오라기나 백로는 물새지만 산속 높은 나뭇가지 위에 나뭇가지를 쌓아 둥지를 만들고, 원앙이나 흰뺨오리는 나무 구멍을 둥지로 쓴다.

물새는 물속이나 갯벌에서 먹이를 잡아먹기 좋게 부리가 길거나 크고 옆으로 넓적한 새들이 많다. 괭이갈매기는 위쪽 부리 끝이 매처럼 날카롭게 굽어서 물고기를 놓치지 않는다. 도요 무리는 부리가 가늘고 길어서 갯벌을 쿡쿡 찔러 깊숙이 있는 먹이도 잘 잡아먹는다.

물새는 발가락 사이에 물갈퀴가 있고 발톱이 작은 새가 많다. 왜가리, 황새, 저어새는 물가를 걸어 다니면서 먹이를 찾기 때문에 다리와 발가락이 길고 가늘며 물갈퀴가 작다. 오리나 갈매기처럼 물에 떠서 지내거나, 가마우지나 물닭처럼 물속에서 먹이를 찾는 새는 물갈퀴나 판속이 널이 있어서 헤엄도 잘 치고 자맥질도 잘한다.

탐조

새가 사는 곳에 찾아가서 관찰하는 것을 '탐조'라고 한다. 새가 먹이를 찾고, 쉬고, 둥지를 틀고, 짝짓기를 하고, 새끼를 치고, 천적을 경계하고, 옮겨 다니면서 사는 모든 모습과 갖가지 울음소리를 보고 듣고 연구한다.

탐조 준비

탐조를 가기 전에는 탐조 가는 곳에 대해서 꼼꼼히 알아두어야 한다. 둘레 환경과 어떤 새가 보이는지 알아본 뒤 그에 맞게 준비를 한다. 새에 대해 공부를 해 가면 더 편안하고 알차게 새를 볼수 있다. 쌍안경은 들고 다니기 좋고 재빨리 움직일 수 있어서 넓은 곳에서 새가 있는 곳을 찾거나 조금 가까이 있는 새를 볼 때 쓴다. 바다나 호수를 떠다니거나 멀리 떨어져 있는 새를 볼 때는 탐조용 지상 망원경을 쓴다. 크고 무거워서 삼각대 위에 올려놓고 본다. 탐조를 할 때는 도감을 가지고 가서 보이는 새가 무슨 새인지 확인하는 것이 좋다. 수첩과 펜을 준비해서 그날 본 새 이름과, 개체 수, 생김새, 행동, 날씨, 새를 본 곳, 둘레 환경을 자세히 적어두면 좋다. 옷은 계절과 탐조하는 곳에 맞게 갖추어야 한다. 여름에는 풀색, 겨울에는 밤색이 좋다. 여름에도 긴팔 옷과 긴 바지로 살갗을 가려 햇볕과 모기를 피하고, 겨울에는 얇은 옷을 여러 벌 겹쳐 입고 귀를 덮는 모자와 장갑을 갖춘다. 또 갑자기 비나 눈이 올 수도 있으니까 두꺼운 양말과 물이 안 새는 신발을 신는 것이 좋다.

탐조하는 때

흔히 해뜰참 앞뒤로 두 시간쯤이 새를 보기 가장 좋은 때다. 물새는 겨울에 많이 볼 수 있고 물떼새나 도요 무리는 봄가을에 강어귀나 갯벌에 가면 볼 수 있다. 새 울음소리는 짝짓기 하는 여름철에 가장 많이 들을 수 있다.

관찰하기

처음부터 한 곳을 정해 관찰하기 보다는 두루 넓게 보면서 눈에 띄는 새가 있는지 살피고 울음소리나 날갯짓 소리로 정확한 곳을 알아내야 한다. 새가 좋아하는 먹이가 많은 곳을 찾아보는 것도 좋다.

주의할 점

새를 가까이 보겠다고 새한테 너무 다가가기보다는 적어도 30m는 넘게 떨어져서 봐야 한다. 특히 알을 품거나 새끼를 키우는 새는 아주 예민해서 사람이 다가가면 사납게 공격하거나 알이나 새끼를 포기한 채 도망가거나 죽일 수도 있다. 움직일 때는 천천히 움직이고 혼자 다니고 멀리 있는 사람을 부를 때는 손짓이나 휘파람 소리로 대신한다. 무엇보다 새들이 사는 곳을 더럽히거나 헤집어 놓지 말아야 한다. 새들이 사는 곳을 아끼고, 새들한테 피해를 주지 않도록 적당한 거리를 지켜야 새를 오래 볼 수 있다.

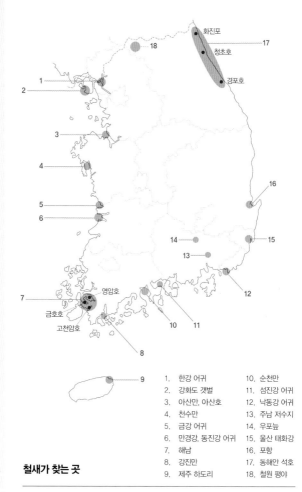

화진포
청초호
경포호

1. 한강 어귀
2. 강화도 갯벌
3. 아산만, 아산호
4. 천수만
5. 금강 어귀
6. 만경강, 동진강 어귀
7. 해남
8. 강진만
9. 제주 하도리

10. 순천만
11. 섬진강 어귀
12. 낙동강 어귀
13. 주남 저수지
14. 우포늪
15. 울산 태화강
16. 포항
17. 동해안 석호
18. 철원 평야

영암호
금호호
고천암호

철새가 찾는 곳

철새가 찾는 곳

한강 어귀	오리 무리, 개리, 저어새, 재두루미, 큰기러기
강화도 갯벌	도요와 물떼새 무리, 저어새, 오리 무리, 기러기 무리, 노랑부리백로
아산만, 아산호	도요와 물떼새 무리, 고니 무리, 기러기 무리, 오리 무리
천수만	기러기 무리, 가창오리, 황새, 흑두루미, 노랑부리저어새, 검은머리쑥새, 스윈호오목눈이
금강 어귀	가창오리, 도요와 물떼새 무리, 갈매기 무리, 큰고니, 개리, 큰기러기, 쇠기러기
만경강, 동진강 어귀	도요와 물떼새 무리, 오리 무리, 기러기 무리, 맹금 무리
해남	도요 무리, 오리 무리, 노랑부리저어새, 황새, 논병아리 무리, 갈매기 무리
강진만	오리 무리, 도요 무리, 두루미 무리, 큰고니, 큰기러기
제주 하도리	저어새 무리, 고니, 매, 황조롱이, 물수리
순천만	흑두루미, 스윈호오목눈이, 북방검은머리쑥새, 황새, 저어새, 노랑부리백로, 큰고니, 기러기 무리
섬진강 어귀	흑기러기, 도요와 물떼새 무리, 검은머리갈매기, 큰고니
낙동강 어귀	오리 무리, 물닭, 큰기러기, 재두루미, 저어새
주남 저수지	기러기 무리, 오리 무리, 흰죽지, 큰고니, 노랑부리저어새, 개리, 재두루미
우포늪	큰기러기, 고니 무리, 오리 무리, 도요와 물떼새 무리, 황새, 참수리, 노랑부리저어새, 백로 무리
울산 태화강	갈매기 무리, 백로 무리, 큰기러기, 물수리
포항	흑기러기, 고대갈매기, 도요 무리, 고니 무리, 아비 무리, 가마우지 무리, 두루미 무리, 오리 무리
동해안 석호	고니 무리, 바다오리, 갈매기 무리
철원 평야	두루미 무리, 쇠기러기 무리, 독수리, 흰꼬리수리, 검독수리

찾아보기

학명 찾아보기

《깃털 : 가장 경이로운 자연의 걸작》 소어 핸슨 지음, 하윤숙 옮김, 2013, 에이도스

《동물과 인간》 서울대학교 동물생명공학전공교수진, 2007, 현암사

《동물대박과 조류 Ⅰ, Ⅱ, Ⅲ》 C. M. Perrins, A. L. A. Middleton, 1998, CPI

《동물의 세계》 정봉식, 1981, 금성청년출판사

《두루미》 배성환, 2000, 다른세상

《맹금과 매사냥》 조삼래·박용순, 2008, 공주대학교 출판부

《밤의 제왕 수리부엉이》 신동만, 2009, 궁리

《새》 유르겐 니콜라이, 1984, 범양사

《새들의 여행 : 철새의 위성추적》 히구찌 히로요시, 2010, 바이오사이언스

《새들이 사는 세상은 아름답다》 원병오, 2002, 다움

《새 문화사전》 정민, 2014, 글항아리

《새와 새를 찾는 사람들》 박종길, 1998, 동서조류연구소

《세계의 철새 어떻게 이동하는가?》 폴 컬린, 2005, 다른세상

《세밀화로 보는 한반도 조류도감》 송순광·송상창, 2005, 김영사

《쉽게 찾는 우리새-강과 바다의 새》 김수일 외, 2003, 현암사

《쉽게 찾는 우리새-산과 들의 새》 김수일 외 2003, 현암사

《야외실습 : 조류 행동학 실습》 권기정, 2008, 동아대학교 출판부

《제주의 새》 강창완 외, 2010, 한그루

《제주 탐조일기》 김은미·강창완, 2012, 자연과 생태

《조류》 로저 피터슨, 1979, 한국일보타임-라이프

《조류생태학》 김창회 외, 2000, 아카데미서적

《조류원색도감》 류경, 1993, 공업종합출판사

《조류학사전》 조중현, 2011, 강원도민일보사

《조선말대사전》 사회과학원, 1992, 사회과학출판사

《조선 조류지》 원홍구, 1963, 과학원출판사

《주남저수지 : 동양 최대 철새 도래지, 그 생태 보고서》 강병국, 2007, 지성사

《주머니 속 새 도감》 강창완 외, 2006, 황소걸음

《한국야생조류》 서일성, 1993, 평화출판사

《한국의 도요물떼새》 박진영 외, 2013, 자연과 생태

《한국의 새》 이우신 외, 2014, LG상록재단

《한국의 조류》 원병오, 1992, 교학사

《한국의 조류 생태와 응용》 이인규, 2001, 아카데미서적

《한국의 조류 : 지빠귀과》 국립공원연구원 철새연구센터 편집부, 2012, 국립공원연구원

《한국의 천연기념물 : 동물편·야생조수류》 한국조류보호협회 편집부, 2002, 한국조류
보호협회

《한국조류생태도감 1, 2, 3, 4》 김수일 외, 2005, 한국교원대학교 출판부

《한라에서 백두까지 한국야생조류》 서일성, 1993, 평화출판사

《한반도의 조류》 원병오·김화정, 2012, 아카데미서적

참고한 누리집

국립생물자원관 http://www.nibr.go.kr/

버드디비 http://birddb.com

우포따오기 http://www.upoibis.net/

천연기념물센터 http://www.nhc.go.kr/

한국야생조류협회 http://www.kwbs.or.kr/

한국의 멸종위기종 http://www.korearedlist.go.kr/

한국의 새 http://birdcenter.kr/

BRIC http://bric.postech.ac.kr/

EAAFP http://www.eaaflyway.net/

그린이

천지현 1984년 서울에서 태어났다. 어릴 때부터 자연을 사랑하고 꽃, 나무, 동물 그리기를 좋아했다. 2006년 제1회 보리 세밀화 공모전에서 상을 받으면서부터 세밀화로 새를 그리기 시작했다. 사람들이 무심코 지나치는 신비하고 놀라운 자연의 모습을 그림으로 그려 내 여러 사람과 함께 나누고 싶은 꿈을 펼치고자 서울시립대학원에 들어가서 일러스트레이션을 공부하고 있다. 《세밀화로 그린 보리 어린이 새 도감》에 그림을 그렸고, 《보리 국어사전》, 《꼬물꼬물 일과 놀이 사전》, 《아기아기 우리아기》에 새 그림을 그렸다. 이 책에 우리나라 새 122종을 그렸다.

이우만 1973년 인천에서 태어났다. 홍익대학교에서 서양화를 공부했다. 2003년 《바보 이반의 산 이야기》에 그림을 그리면서 자연의 소중함을 깨달아 그때부터 우리 자연과 생명체를 연구하고 그림으로 기록하는 일을 하고 있다. 요즘은 창작 활동과 탐조 활동을 하면서 마을 공동체에서 운영하는 방과 후 교실에서 아이들에게 뒷산의 새를 소개하고 있다. 《내가 좋아하는 동물원》, 《내가 좋아하는 야생동물》에 그림을 그렸고, 《솔부엉이 아저씨가 들려주는 뒷산의 새 이야기》, 《청딱따구리의 선물》을 쓰고 그렸다. 이 책에 펼친 그림과 100점에 이르는 참고 그림을 그렸다.

글쓴이

김현태 1968년 충남 온양에서 태어났다. 중학교 때 몸이 아파 학교를 쉴 때 십자매를 키우고 공원의 비둘기에게 먹이를 주면서 새들에게 흠뻑 빠져들었고, 고등학교 때는 방에서 50쌍이나 되는 새들을 키웠다. 이런 인연으로 공주사범대학교 생물교육과에 들어갔고, 대학원에서는 청둥오리를 연구했다. 그동안 서산 간척지의 새들을 기록하고 지키기 위한 활동을 했으며 남극 세종기지에 가서 새 조사를 하기도 했다. 지금은 고등학교에서 생물을 가르치면서 '자연에서 만나는 생명 이야기 http://cafe.naver.com/yangpakor'를 운영하고 있다. 《세밀화로 그린 보리 어린이 새 도감》, 《내가 좋아하는 시냇가》에 글을 썼다.

기획

토박이 토박이는 우리말과 우리 문화, 그리고 이 땅의 자연을 아끼고 사랑하는 모든 이들을 위해 좋은 책을 만들고자 애쓰는 사람들의 작은 모임이다. 그동안 《보리 국어사전》, 겨레 전통 도감 《살림살이》, 《전래 놀이》, 《국악기》, 《농기구》, 《탈춤》과, 《세밀화로 그린 보리 어린이 새 도감》, 《세밀화로 그린 보리 어린이 버섯 도감》을 만들었다. 또 《신기한 독》, 《불씨 지킨 새색시》, 《옹고집》을 비롯해 모두 20권으로 엮은 옛이야기 그림책을 만들었다.